典藏版 / 02

数林外传 系列

跟大学名师学中学数学

磨光变换

◎ 常庚哲　著

U0260216

中国科学技术大学出版社

内 容 简 介

　　变换是数学奥林匹克竞赛中的重要内容.它灵活多变,耐人寻味.从初等数学到高等的、近代的数学都离不开变换.特别是近年来,国内外数学竞赛中,有不少内容涉及变换.本书谈初等数学又不局限于初等数学,着重讲了两个问题:一个是变换的迭代,一个是变换的磨光性质.

　　作者长期从事国际数学奥林匹克(IMO)竞赛的教练工作,既有深厚的数学功底,又有丰富的临场经验.本书深入浅出,高屋建瓴,笔墨酣畅,是中学生了解变换的理想读物.

图书在版编目(CIP)数据

磨光变换/常庚哲著. —合肥:中国科学技术大学出版社,
2013.5(2019.11 重印)

(数林外传系列:跟大学名师学中学数学)

ISBN 978-7-312-03078-9

　　Ⅰ.磨…　　Ⅱ.常…　　Ⅲ.①初等数学—青年读物　②初等数学—少年读物　Ⅳ.O12‒49

中国版本图书馆 CIP 数据核字(2012)第 273907 号

中国科学技术大学出版社出版发行
安徽省合肥市金寨路 96 号,230026
http://press.ustc.edu.cn
https://zgkxjsdxcbs.tmall.com
安徽省瑞隆印务有限公司印刷
全国新华书店经销

＊

开本:880 mm×1230 mm　1/32　印张:4.875　字数:106 千
2013 年 5 月第 1 版　2019 年 11 月第 2 次印刷
定价:20.00 元

前　言

　　"变换"是数学中最基本而又最重要的概念之一,从初等数学、高等数学直到近代数学,变换无所不在,把数变为数的变换就是通常所说的函数,除了代数中的变换之外,还有几何图形变为几何图形的变换,也就是"几何变换".

　　对我们这本小册子而言,"变换"实在太广泛了,太大了,还不如针对一些特殊的变换谈起.第一个是"变换的迭代",把同一个变换或者同一类型的变换一次又一次地进行下去,就是变换的迭代,常常发生这样的现象:当迭代不断地进行下去时,经过有限次或无限次(即在极限意义之下),可能会得出某些有趣的结果;第二个是"磨光变换",即是说,有一些变换在反复迭代的情况下,呈现出统一、和谐、均匀、调和的性质,在本书中,我们很难也没有必要对"磨光"下一个统一的、十分确切的定义,但是,本书各节里所涉及的每一个具体例子,怎样叫做"光",怎样的变换有"磨光性质",是十分易于理解和领会的.代数的磨光变换的特征是:对任意给定的一组数来说,经过这种变换的反复作用,那一组数中的每一个会逐渐相近,彼此的差别越来越小.几何的磨光变换的特征是:给定一个几何图形,经过这种几何变换反复作用,将把这个图形变得越来越对称.以上虽然只是一些粗略的说法,但是,在具体的例子中却是十分明确、没有歧义和毫不含糊的.

在中学生的数学课本中,几乎找不到什么内容是 20 世纪内的数学成果.本书中作为磨光变换而介绍的道格拉斯-纽曼定理,一个十分美丽的初等几何命题,是在 20 世纪 40 年代才出现的结果,即使到了现代,也还有人在继续讨论.

本书的最后部分,介绍了计算机辅助几何设计和分形几何,它们是当前正在蓬勃发展中的应用数学.作为学科的整体,当然已经大大超出了中学数学的范围.但是,作者在这里所介绍的只是它们最初步的概念,其中的证明已经经过初等化处理,相信能被具备极限知识的读者所接受.由于它们与"变换的迭代"有紧密的关系,所以作者认为应当将它们包含在这本小册子之中.

作者力图以深入浅出、居高临下的精神来写这本书,想尽力做到谈初等数学而又不局限于初等数学.作者希望读过这本书的中学生,在日后参加数学竞赛,遇到变换,特别是"磨光变换"的题目时,能感到有章可循,不致束手无策,如果这些学生在将来进入大学的理工科,遇见形形色色的"磨光变换"的时候,能够记得起本书,并认为它确实有过一点点启蒙作用的话,那我将感到十分欣慰.

1997 年,我和美国杨伯翰大学(Brigham Young University)的 T. W. Sederberg 教授所写的《Over and Over Again》这本书,是美国数学协会"新数学文库"的一种,在美国都有发售,其中有着大量的关于磨光变换的内容.

　　我在写作这本书的时候,住在美国加州圣荷西(San Jose),这个城市就是有名的硅谷.过去我写书和出版,最快的用航空快件,今日尝到了高科技的甜头.在合肥与圣荷西之间,文字图形交流闪电般地快捷,使出书的周期大大缩短.

　　非常感谢中国科学技术大学出版社的编辑,他们为我精心策划、仔细校对,我的笔误不管是文字的还是数学的,都被他们一一纠正.

常庚哲

2013 年 4 月

目　　录

前言 ……………………………………………… （ⅰ）

1　变换的概念 ………………………………… （ 1 ）

2　平均值不等式 ……………………………… （ 5 ）

3　三角形的等周不等式 ……………………… （ 9 ）

4　等周问题的一个应用 ……………………… （16）

5　三种颜色的玻璃片 ………………………… （21）

6　小孩分糖块 ………………………………… （25）

7　糖块换成砂糖 ……………………………… （30）

8　圆周上的围棋子 …………………………… （35）

9　最一般的情况 ……………………………… （41）

10　杜赛问题 …………………………………… （45）

11　调整整数矩阵 ……………………………… （48）

12　两道国际数学竞赛题 ……………………… （50）

13　中国数学冬令营的特别奖 ………………… （59）

14　无穷递降法 ………………………………… （65）

15　折纸条的数学 ……………………………… （69）

16　收敛的速度 ………………………………… （73）

17　重心坐标 …………………………………… （78）

18　拿破仑定理 ………………………………… （84）

19　道格拉斯-纽曼定理 ………………………… （88）

20　等周商　……………………………………（100）

21　圆的等周性质　………………………………（105）

22　伯恩斯坦多项式　……………………………（112）

23　平面贝齐尔曲线　……………………………（125）

24　分形几何简介　………………………………（137）

1 变换的概念

变换,是数学中一个最基本而又最重要的概念.变换是多种多样的,有的变换把一个数变为另一个数.例如,二次函数 $y = 2x^2 - 3x + 1$ 可以看成一个变换:当 $x = -1$ 时,$y = 6$;当 $x = 0$ 时,$y = 1$;当 $x = 1$ 时,$y = 0$.我们说,在这个变换之下,$-1, 0, 1$ 分别被变为 $6, 1, 0$.事实上,按照这个规律,实数中的任何一个数都被变为另一个确定的实数.函数 $y = \sin x$ 及 $y = \cos x$ 都可以看成变换,它们定义在整个实数集上.至于 $y = \lg x$,则是定义在正实数集上的一个变换.

变换也可以在几何图形之间进行.例如,任意给定一个 $\triangle ABC$,在边 BC, CA, AB 上分别取中点,记为 A', B', C',再把后面三个点用直线段相联结,得出$\triangle A'B'C'$(图1-1).由

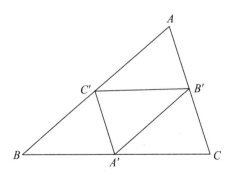

图 1 - 1

△ABC 到△$A'B'C'$,就可以看成是一个变换,它把任意给定的三角形,按照确定的规律变为另一个三角形. 这是一种由三角形到三角形的变换. 又如,对于任意给定的△ABC,作它的外接圆,这样就得到了由三角形到圆的变换(图 1-2).

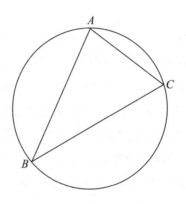

图 1-2

　　下面的例子说明,选择恰当的变换对于解题是多么重要. 这个题目是 1996 年在我国举办数学冬令营的第 5 题,上百个选手,只有 18 个人做对.

　　例　设 n 为正整数,并且 $x_0 = 0$,x_1,x_2,…,x_n 为正数,适合 $x_1 + x_2 + \cdots + x_n = 1$. 证明:

$$1 \leqslant \sum_{i=1}^{n} \frac{x_i}{\sqrt{1 + x_0 + x_1 + \cdots + x_{i-1}} \sqrt{x_i + \cdots + x_n}} < \frac{\pi}{2},$$

其中 π 为圆周率.

　　证明　左边的不等式非常容易,只要两个变量的几何平均-算术平均不等式就可以达到目的.

　　右边的不等式怎么样与圆周率挂钩呢? 这是最难的地方,其实,难,也不难. 想到圆周率 π,自然想到三角函数的变换.

令 θ_i 适合

$$\sin \theta_i = x_1 + x_2 + \cdots + x_i, \quad i = 1, 2, \cdots, n,$$

其中

$$0 = \theta_0 < \theta_1 < \theta_2 < \cdots < \theta_n = \frac{\pi}{2},$$

于是

$$x_i = \sin \theta_i - \sin \theta_{i-1}$$
$$= 2\sin \left(\frac{\theta_i - \theta_{i-1}}{2} \right) \cos \left(\frac{\theta_{i-1} + \theta_i}{2} \right),$$

因为

$$\cos \left(\frac{\theta_{i-1} + \theta_i}{2} \right) < \cos \theta_{i-1},$$

得到

$$\sum_{i=1}^{n} \frac{x_i}{\cos \theta_{i-1}} < \theta_n - \theta_0 = \frac{\pi}{2}.$$

这也就是

$$\sum_{i=1}^{n} \frac{x_i}{\sqrt{1 + x_0 + x_1 + \cdots + x_{i-1}} \sqrt{x_i + \cdots + x_n}} < \frac{\pi}{2},$$

这就是右边的不等式. **证毕**.

这个变换值得细心体会.

此外,还有由一组数到另外一组数的变换,由一种状态到另外一种状态的变换,总之,变换是千姿百态而又无处不在的!

在数学竞赛的题目中,有不少与变换的概念有关.如果读者能有意识地从变换的角度来看待这些问题,用某些变换的特殊性质来处理它们,必然会有助于这些问题的解决.

在变换中有一类被称为"磨光变换"的,具有特殊的意义.至于"磨光"二字,在不同的场合有着不同的意义,这里很难给出一个统一的定义,主要是因为"光"这个字没有统一的定义,但总的来说,"光"是指均匀,没有差别,平衡⋯⋯的意思,而"磨光"就是指消灭差别,逐步达到一种平衡的、均匀的状态.虽然如此,但是在今后讨论一个个具体问题的时候,"光"和"磨光"的意义又是很明确的,不会带来任何误解.

在自然界里,水总是从高处流往低处,可以说是随时都在进行着"磨光"变换,只有在各处水位的高度一致的时候,水才会停止流动.电流、温度的分布也有着类似的情况.

在高等数学的范围内,有许多课目是专门讨论磨光变换的,它们在数字滤波、无线电通信以至计算机辅助几何设计中都有重要的应用.

2 平均值不等式

大家知道,对于一组正数 $a_1, a_2, \cdots, a_n$,数

$$A = \frac{a_1 + a_2 + \cdots + a_n}{n}$$

叫做这一组正数的**算术平均数**,而数

$$G = \sqrt[n]{a_1 a_2 \cdots a_n}$$

叫做这一组正数的**几何平均数**.在这两个平均数之间,有着不等式 $A \geqslant G$,即

$$\frac{a_1 + a_2 + \cdots + a_n}{n} \geqslant \sqrt[n]{a_1 a_2 \cdots a_n}, \tag{1}$$

式中的等号当且仅当 $a_1 = a_2 = \cdots = a_n$ 时成立.

不等式(1)称为**算术平均-几何平均不等式**.

由于这个不等式在数学中的重要性,在某些关于不等式的专著中,罗列了它的十几种证明方法,其中所用知识最少、构思巧妙精美的一个证明,正是利用了磨光的思想.

很明白,如果 $a_1 = a_2 = \cdots = a_n$,那么显然 $A = G$.这就是说,在这种"均匀"的情况下,不等式(1)的证明是最容易不过的了.

现在,设 $a_1, a_2, \cdots, a_n$ 不全相等,不妨设其中最小的数为 a_1,最大的数为 a_2,于是有 $a_1 < a_2$,并且

$$na_1 < a_1 + a_2 + \cdots + a_n < na_2,$$

用 n 除上式,得

$$a_1 < A < a_2. \tag{2}$$

同样可以证明,$a_1 < G < a_2$.这就是说,当一组数不全相等的时候,它们的平均值一定比最小的数大,比最大的数小.

现在,我们构造另外的 n 个数

$$A, \quad a_1 + a_2 - A, \quad a_3, \quad \cdots, \quad a_n. \tag{3}$$

这就是说,除了最小数 a_1、最大数 a_2 分别被 A 与 $a_1 + a_2 - A$ 代替之外,其余的数不变.数组(3)中的每一个数显然都是正数,由数组 $a_1, a_2, \cdots, a_n$ 按照上述指定的规则变为数组(3),就是由数组变为数组的变换的例子.

在电视转播的"歌曲演唱大奖赛"的实况中,在计分的时候,我们常常听到"去掉一个最高分,去掉一个最低分……",我们刚才设计的变换正好有这么一点意思,差别仅仅在于把去掉的最大数、最小数用其他两个适当的数来代替.

分别用 A_1 与 G_1 来记数组(3)的算术平均数与几何平均数,很明显

$$nA_1 = A + (a_1 + a_2 - A) + a_3 + \cdots + a_n$$
$$= a_1 + a_2 + a_3 + \cdots + a_n$$
$$= nA,$$

即 $A_1 = A$.为了弄清 G_1 与 G 哪个大,只需注意:依不等式(2)有

$$A(a_1 + a_2 - A) - a_1 a_2 = (A - a_1)(a_2 - A) > 0,$$

这表明

$$A(a_1 + a_2 - A) > a_1 a_2,$$

由此得

$$A(a_1 + a_2 - A) a_3 \cdots a_n > a_1 a_2 a_3 \cdots a_n.$$

即 $G_1{}^n > G^n$,由此可知 $G_1 > G$.

到此为止,我们已经明白了:当 $a_1, a_2, \cdots, a_n$ 不全相等时,我们精心设计的那一种变换不会改变算术平均数,或者说,在这种变换之下,算术平均数是一个**不变量**;但是,几何平均数却增大了.如果数组(3)中的每一个数都相等,那么便有 $A_1 = G_1$,由关系式

$$A = A_1 = G_1 > G$$

立即可见 $A > G$,命题便证明完毕.

如果数组(3)中的数仍不全相等,我们对数组(3)再进行一次同样的变换,即把数组(3)中的最小数与最大数找出来,分别换为 $A_1 = A$ 及这两数之和减去 A,其余 $n-2$ 个数不变.就是说,对数组(3)作一次所指定的变换,得出另一数组,它的算术平均数与几何平均数分别记为 A_2 及 G_2.根据前面的理由,我们有 $A_2 = A_1 = A$ 及 $G_2 > G_1 > G$.

应当注意的是,当数组(3)中的数不全相等时,其最小值比 A_1 小,即比 A 小,最大值比 A_1 大,即比 A 大.因此,当我们对数组(3)进行指定的变换时,第一次已换进去的 A,将不会再被换出来,并且还至少会多出一个 A 来.如果到此时这 n 个数全相等了,那么由关系式

$$A = A_1 = A_2 = G_2 > G_1 > G$$

立即可见 $A > G$,命题得证.

如果经过第二次变换之后所得的数组还不全相等,我们再对它作一次所说的变换,这样作过之后,新的数组中至少有三个 A.只要数组中各数不全相等,这种变换便可继续进行下去,当然,最多进行 $n-1$ 次变换,我们得到了一组由 n 个 A 组成的数

组,此时由关系式

$$A = A_1 = \cdots = A_{n-1} = G_{n-1} > G_{n-2} > \cdots > G,$$

立即可见 $A > G$,这样就证完了所需的不等式.

设计出这种变换是别具匠心的. 它的功能是把数与数之间的差别缩小,不超过 $n-1$ 次变换,就能使新数组中的 n 个数已全无差别,即全变为 A 了.

前面已经提到,在这一变换之下,算术平均数是一个不变量.对于所有的变换,找出它的不变量是一件很重要的工作.在我们当前的变换中,几何平均数是改变的,但是我们也弄清了它的变化规律,即证明它是不断增大的,这也是很重要的工作.

在这里,还存在着一种对偶情形:我们可以设计另一种具有磨光性质的变换,在它的作用之下,数组的几何平均数是不变量,但使算术平均数减小,最后仍能达到证明不等式(1)的目的.建议读者思考这一问题.

3　三角形的等周不等式

　　三角形有着各式各样的形状,如果按边长来作区分,有等边三角形、等腰三角形、非等腰三角形,等等.大家很容易接受以下观念:等边三角形可被认为"最光的"三角形,因为它的三条边长没有差别,也可以说它的三个角的大小没有差别.

　　设 $\triangle ABC$ 是任意给定的一个三角形,三边之长分别记为 a, b, c.我们设计如下的变换:

$$
\left.
\begin{aligned}
a' &= \frac{a+b+c}{3}, \\
b' &= \frac{a+b+c}{3}, \\
c' &= \frac{a+b+c}{3}.
\end{aligned}
\right\}
\tag{1}
$$

很明显: $a' = b' = c'$ 且 $a' + b' + c' = a + b + c$.变换(1)把 $\triangle ABC$ 变为一个等边 $\triangle A'B'C'$,后者的边长为 a', b', c'.三角形的周长 s 是变换(1)之下的不变量.变换(1)把任何一个三角形一下子变为一个等边三角形,所以它是一个具有磨光性质的几何变换.

　　我们来看一看变换前后的两个三角形的面积有什么关系.对于 $\triangle A'B'C'$ 来说,由于它是等边的,所以面积等于

$$
\frac{1}{2}\left(\frac{a+b+c}{3}\right)^2 \sin 60° = \frac{\sqrt{3}}{4}\left(\frac{a+b+c}{3}\right)^2,
$$

由于 $a+b+c=s$, 上式即为

$$\frac{\sqrt{3}}{36}s^2. \tag{2}$$

$\triangle ABC$ 的面积由海伦公式来计算, 为

$$\frac{1}{4}\sqrt{s(s-2a)(s-2b)(s-2c)}. \tag{3}$$

为了比较式(2)与式(3)的大小, 只需比较它们各自的平方

$$\frac{1}{12\times36}s^4 \quad 与 \quad \frac{1}{16}s(s-2a)(s-2b)(s-2c)$$

谁大谁小. 消去相同的因子, 只需比较

$$\frac{1}{27}s^3 \quad 与 \quad (s-2a)(s-2b)(s-2c)$$

谁大谁小. 对于一个三角形来说, $s-2a$, $s-2b$, $s-2c$ 是三个正数, 利用前节所说的算术平均-几何平均不等式, 可得出

$$(s-2a)(s-2b)(s-2c)$$
$$\leqslant \left(\frac{(s-2a)+(s-2b)+(s-2c)}{3}\right)^3$$
$$= \left(\frac{3s-2(a+b+c)}{3}\right)^3$$
$$= \left(\frac{s}{3}\right)^3$$
$$= \frac{s^3}{27},$$

这表明$\triangle ABC$ 的面积总不会超过具有相同周长的等边三角形的面积. 这样一来, 我们证明了: 在一切具有相同周长的三角形中, 等边三角形的面积最大.

把三角形变为三角形并且使三角形的周长为其不变量的变换, 并不只有变换(1)这一种. 事实上, 可以令

$$a_1 = \frac{b+c}{2},$$
$$b_1 = \frac{c+a}{2},$$
$$c_1 = \frac{a+b}{2}. \tag{4}$$

由于

$$b_1 + c_1 - a_1 = a > 0,$$
$$c_1 + a_1 - b_1 = b > 0,$$
$$a_1 + b_1 - c_1 = c > 0,$$

可见,以 a_1, b_1, c_1 为边长可以组成另一个 $\triangle A_1 B_1 C_1$. 由变换 (4) 直接算出 $a_1 + b_1 + c_1 = a + b + c$, 故这两个三角形有相等的周长. 此外, 由变换 (4) 容易推出: 若 $a_1 = b_1 = c_1$, 那么必有 $a = b = c$. 这就是说, 如果 $\triangle ABC$ 不是等边三角形, 那么经变换 (4) 之后仍不会变为一个等边三角形. 这与变换 (1) 是不相同的, 变换 (1) 有如此强烈的磨光作用, 以至于它能把任一个三角形一次变为一个等边三角形, 可是变换 (4) 却不能做到这一点. 虽然如此, 从长远的观点来看问题, 即从极限的观点来看问题, 变换 (4) 仍具有磨光的作用.

为了说明以上事实, 需要引入"变换的方幂"的概念, 即同一变换连续作用的概念. 由 $\triangle ABC$ 经变换 (4) 得到 $\triangle A_1 B_1 C_1$ 之后, 再对后者施行同一变换 (4), 令

$$a_2 = \frac{b_1 + c_1}{2},$$
$$b_2 = \frac{c_1 + a_1}{2},$$
$$c_2 = \frac{a_1 + b_1}{2},$$

得出$\triangle A_2 B_2 C_2$，即它是将变换(4)对$\triangle ABC$连续作用两次的结果，也可以说是将变换(4)的二次幂作用于$\triangle ABC$所得的结果. 如果我们已经得到了$\triangle A_{n-1} B_{n-1} C_{n-1}$，它的边长分别记为$a_{n-1}, b_{n-1}, c_{n-1}$，再将变换(4)对这个三角形作用一次，也就是说，令

$$\left.\begin{array}{l} a_n = \dfrac{b_{n-1} + c_{n-1}}{2}, \\[2mm] b_n = \dfrac{c_{n-1} + a_{n-1}}{2}, \\[2mm] c_n = \dfrac{a_{n-1} + b_{n-1}}{2}, \end{array}\right\}$$

得出$\triangle A_n B_n C_n$，这个三角形称为变换(4)的 n 次幂作用于$\triangle ABC$所得的结果.

在数学中，把同一个动作(或变换)一次又一次地做下去，称为**迭代**. 迭代在数学中无处不在. 举一个最简单的例子：把 1 加上 1 得到 2，把 2 加上 1 得到 3，再把 3 加上 1 得到 4……我们重复着"加上 1"这一动作，便可以得到全部正整数.

从一个不等边的$\triangle ABC$开始，把迭代一次又一次地进行下去，得到由三角形组成的序列

$$\triangle A_1 B_1 C_1, \quad \triangle A_2 B_2 C_2, \quad \triangle A_3 B_3 C_3, \quad \cdots.$$

前面指明的结论告诉我们，这个序列中的任何一个三角形都不是等边的，也就是说，把变换(4)对于一个不等边的三角形连续作用有限多次，总不能得出一个等边三角形，但是，若把变换无限次地进行下去，却能使所得的三角形越来越向一个等边三角形靠近，用精确的数学语言来说，就是

$$\lim_{n \to \infty} a_n \doteq \lim_{n \to \infty} b_n = \lim_{n \to \infty} c_n = \frac{a + b + c}{3}. \tag{5}$$

为了证明这一事实,注意

$$a_n - \frac{a+b+c}{3} = a_n - \frac{s}{3}$$

$$= \frac{b_{n-1} + c_{n-1}}{2} - \frac{s}{3}$$

$$= \frac{a_{n-1} + b_{n-1} + c_{n-1} - a_{n-1}}{2} - \frac{s}{3}$$

$$= \frac{s - a_{n-1}}{2} - \frac{s}{3}$$

$$= \frac{s}{6} - \frac{a_{n-1}}{2},$$

这也就是

$$a_n - \frac{s}{3} = \left(-\frac{1}{2}\right)\left(a_{n-1} - \frac{s}{3}\right), \quad n = 1,2,3,\cdots.$$

在这里,a_0, b_0, c_0 应理解为 a, b, c. 反复递推地利用上述公式,可得

$$a_n - \frac{s}{3} = \left(-\frac{1}{2}\right)\left(a_{n-1} - \frac{s}{3}\right)$$

$$= \left(-\frac{1}{2}\right)^2\left(a_{n-2} - \frac{s}{3}\right)$$

$$= \left(-\frac{1}{2}\right)^3\left(a_{n-3} - \frac{s}{3}\right)$$

$$= \cdots,$$

最终得出

$$a_n - \frac{s}{3} = \left(-\frac{1}{2}\right)^n\left(a - \frac{s}{3}\right), \quad n = 1,2,3,\cdots.$$

因为 $a - \frac{s}{3}$ 为一定数,$\lim\limits_{n\to\infty}\left(-\frac{1}{2}\right)^n = 0$,则由上式知

$$\lim_{n \to \infty} a_n = \frac{s}{3},$$

同理可证式(5)中的后两个不等式成立.

这就证明了,彻底的磨光只能在作过无穷多次变换之后,即只有在极限过程之中才能实现.

在变换(4)之下,三角形的面积将发生怎样的变化? 由海伦公式,$\triangle A_1 B_1 C_1$ 面积的平方等于

$$\frac{s}{2}\left(\frac{s}{2} - a_1\right)\left(\frac{s}{2} - b_1\right)\left(\frac{s}{2} - c_1\right) = \frac{s}{16}abc,$$

而 $\triangle ABC$ 面积的平方为

$$\frac{s}{16}(b + c - a)(c + a - b)(a + b - c).$$

由变换(4)的磨光性质,可知 $\triangle A_1 B_1 C_1$ 比 $\triangle ABC$ 更接近于一个等边三角形,由等周不等式可以推测:$\triangle A_1 B_1 C_1$ 的面积比 $\triangle ABC$ 的面积更大,即我们推测,应有不等式

$$abc > (b + c - a)(c + a - b)(a + b - c) \tag{6}$$

成立,这里 a,b,c 是三个不全相等的正数.事实上,不等式(6)是可以直接证得的,只需注意:

$$0 < (b + c - a)(c + a - b) = c^2 - (a - b)^2 \leqslant c^2,$$
$$0 < (c + a - b)(a + b - c) = a^2 - (b - c)^2 \leqslant a^2,$$
$$0 < (a + b - c)(b + c - a) = b^2 - (c - a)^2 \leqslant b^2.$$

以上三式中最后的不等号中不能全取等号(否则将有 $a = b = c$),将它们两边相乘再开方,便得出不等式(6).

至此,我们已经证明,如果 $\triangle ABC$ 不是一个等边三角形,那么我们通过变换(4)可以造出另一个具有相同周长的 $\triangle A_1 B_1 C_1$ 来,而后者有更大的面积.这也表明,在一切具有相

等周长的三角形中,不等边的三角形不能有最大面积.但是,我们还不能立即由此得出结论:在一切具有相等周长的三角形中,等边三角形的面积最大.

这是因为,三角形面积组成无限个正实数的集合,对于无限数集,我们不能一概断言在其中必有最大值,例如开区间$(0,1)$中的全体实数,其中既无最大数,也无最小数.如果我们能指出在具有相等周长的一切三角形中,有面积为最大者,那么这个最大的面积非等边三角形莫属!

但是变换的迭代能帮助我们证明三角形的等周不等式.由于$\triangle ABC$为不等边三角形,因此

$$\{\triangle A_n B_n C_n \text{ 的面积}: n = 1,2,3,\cdots\}$$

组成严格上升的实数列,注意$\triangle A_n B_n C_n$当$n \to \infty$的变化趋势,即趋向于一个有相同周长的等边三角形,因此得到

$\triangle ABC$的面积$<$有相等周长的等边三角形的面积.

到此为止,我们对三角形的等周不等式给出了两个证明.第一个证明,即利用变换(1)所作的证明,一次即达到磨光的目的,干脆利索,简洁明快;第二个证明,即利用变换(4)所作的证明,任何有限次迭代都不能达到目的,必须进行无限次迭代才能最后达到磨光的目的,所以显得冗长烦琐,转弯抹角.就解决当前的问题而言,第二种证法似乎毫无可取之处.但是,有意义的是,它代表着一种论证的模式,在我们今后讨论平面封闭曲线的等周问题时,非用到这样一种模式不可.

4　等周问题的一个应用

关于等周问题,可以有各式各样的提法.例如,考察具有相同的底且有相等面积的所有的三角形的集合.设相同的底为 BC,那么这些三角形的另一个顶点可以认为是在某一条平行于 BC 的直线上变化.在这些无限多个三角形中,哪一个算得上是"最光"的呢? 直觉告诉我们,应当是以 BC 为底边的那个等腰三角形.我们指出这个最光的三角形的一个性质:在这一类三角形中,它的周长是最短的.这就是另一类三角形的等周问题.

例 1　$\triangle ABC$ 中,底边 BC 固定,在平行于 BC 的直线中,变点 A 在这一直线中变化.求证:在一切$\triangle ABC$ 中,周长最短的是等腰三角形.

证明　在平行于 BC 的那条直线 l 上,找出点 A 使得$\triangle ABC$ 是以BC 为底的等腰三角形.设 A' 为 l 上的不同于A 的另一点.将 BA 延长到 B' 使 $BA = AB'$,再联结 $A'B'$,$B'C$(图 4-1).易见 $BA + AC = BA + AB' = BB'$ 及 $BA' + A'C = BA' + A'B'$.在$\triangle BA'B'$ 中,根据两边之和大于第三边,得

$$BA' + A'B' > BB',$$

由此立即看出$\triangle A'BC$ 的周长大于$\triangle ABC$ 的周长.**证毕**.

有了以上这一性质,我们可以来证明一个有趣的题目.

例 2　如果凸四边形的面积等于1,那么

它的周长 + 两条对角线长之和 $\geqslant 4 + 2\sqrt{2}$.

证明 设这个凸四边形为 $PQRS$，过顶点 P 与 R 作平行于对角线 QS 的直线（图 4-2），又设 QS 的垂直平分线与这两条平

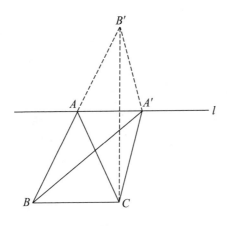

图 4-1

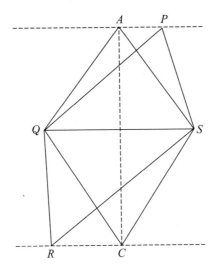

图 4-2

行直线分别交于 A，C 两点，显然这时四边形 $AQCS$ 的面积＝四边形 $PQRS$ 的面积＝1. 但是四边形 $AQCS$ 的周长不大于四边形 $PQRS$ 的周长，并且由 $AC \leqslant PR$ 可知，四边形 $AQCS$ 的两条对角线长之和＝$QS + AC \leqslant QS + PR$＝四边形 $PQRS$ 的两条对角线长之和. 再过 Q，S 分别作 AC 的平行线，让 Q 及 S 在这两条线上变化到这两条线段的中点 B 及 D 上，这时得到的四边形 $ABCD$ 为一菱形，面积仍旧等于 1 且其周长与两条对角线长之和 $\leqslant$ 四边形 $AQCS$ 的周长与两条对角线长之和 $\leqslant$ 四边形 $PQRS$ 的周长与两条对角线长之和. 因此，只需对菱形来证明我们的结论就行了. 设菱形 $ABCD$ 的边长为 l，令 $\theta = \angle ABC$. 于是 $l^2 \sin\theta = 1$，由此知 $l \geqslant 1$，它的周长与两条对角线长之和为

$$4l + 2l\cos\frac{\theta}{2} + 2l\sin\frac{\theta}{2},$$

由平均值不等式知

$$4l + 2l\cos\frac{\theta}{2} + 2l\sin\frac{\theta}{2} \geqslant 4l + 2l \cdot 2\sqrt{\cos\frac{\theta}{2}\sin\frac{\theta}{2}}$$
$$= 4l + 2\sqrt{2}\sqrt{l^2\sin\theta}$$
$$= 4l + 2\sqrt{2}$$
$$\geqslant 4 + 2\sqrt{2},$$

这便是需证的结论. **证毕.**

在本节的例 1 中，一些涉及某些距离之和达到最小值，"反射"是一个很有用的几何技巧.

美国普特南（Putnam）大学生数学竞赛，是世界上最著名的

数学竞赛之一,成立于 1938 年,每年举办一次,由于各种原因,总共举办了 73 次(1943 年、1944 年、1945 年停办,1958 年举办了2次).竞赛题目与时俱进,世界数学家和数学最好者,从这些数学题目中得到了启发和教益,专门研究普特南数学竞赛的书籍,层出不穷.1998 年普特南数学竞赛的题目 B2,就是"反射"的技巧.

例 3(普特南数学竞赛,1998 年,B2)　给定一点(a,b),其中 $0<b<a$.试决定一个三角形的最小的周长:一点在(a,b),一点在 x 轴上,还有一点在直线 $y=x$ 上.

解　如图 4-3 所示.

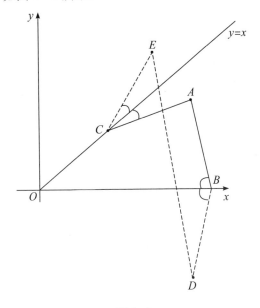

图 4-3

三角形的三顶点是:$A=(a,b)$,B 在 x 轴上,C 在直线 $y=x$ 上,令 $D=(a,-b)$,即点 A 对 x 轴的反射.而 $E=(b,a)$ 是

点 A 对直线 $y = x$ 的反射. 因此 $AB = DB$ 并且 $AC = CE$. 所以 ABC 的周长是

$$DB + BC + CE \geqslant DE = \sqrt{(a-b)^2 + (a+b)^2}$$
$$= \sqrt{2a^2 + 2b^2},$$

这个下界是可以达到的. **证毕**.

5　三种颜色的玻璃片

在第 2 节中,为了证明算术平均-几何平均不等式,我们精心设计了由一组正数到另一组正数的变换,为了使得这一变换具有磨光性质,我们是针对数组中的最小数及最大数入手的,将它们用在它们之间的另外两个正数来代替.特别注意最大值与最小值,是处理磨光变换的一个典型的手法.下面是一个有说服力的例子.

例　有 1 987 块正方形的玻璃片,每一块涂上了红、黄、蓝三种颜色之一,以下的动作可称一次"调整":擦去两块不同色的玻璃片上的颜色,然后将它们涂上第三种颜色.求证:不论原来颜色的分布状况如何,总可以通过有限多次适当的调整之后,把所有的玻璃片全涂上同一种颜色.并且,最终的颜色是由原始状态完全确定了的,与具体的调整顺序无关(1987 年东北三省数学邀请赛试题).

注意　题目中包含着两个需证的结论.在证明第一个结论时,应当认识到:并不是说随便进行符合规定的调整,经有限次之后一定可达目的,而是说,能达到目的的调整次序,总是可以被设计出来的.

证明　我们先证第一个结论.设在原始状态中,红、黄、蓝三种玻璃片的数目依次为 n_0, n_1, n_2,它们是非负的整数并且满足 $n_0 + n_1 + n_2 = 1\,987$.

　　先讨论一种特殊的情况,设 n_0, n_1, n_2 三个数中有两个相等,不妨设 $n_0 = n_1$,这时调整的方案是显而易见的:把红、黄两色玻璃片一一配对,将它们都改为蓝色,这样,经过 $n_0 = n_1$ 次调整之后,所有玻璃片都涂上了蓝色.

　　转而讨论一般的情形.不失一般性,可设 $n_0 < n_1 < n_2$.前面的经验告诉我们,应当在最小值、最大值上做文章.具体地说,应把最大值降低,而把最小值升高,这样上下两头挤压着,也许能出现有两种颜色的玻璃片的个数一样多的情况.

　　对 $n_0 < n_1 < n_2$ 的情形,我们应当取出黄、蓝两色的玻璃片各一片,把它们改涂红色.经过这一次调整后,红、黄、蓝三种颜色的片数依次为 $n_0 + 2, n_1 - 1, n_2 - 1$.显然有 $n_1 - 1 < n_2 - 1$.我们来证明 $n_0 + 2 \leqslant n_2 - 1$.假若不然,设 $n_0 + 2 > n_2 - 1$,这时将有 $n_2 - n_0 < 3$.但是 $n_2 - n_0 \geqslant 2$,所以只能是 $n_2 - n_0 = 2$.此时必有 $n_0 = n_1 - 1, n_2 = n_1 + 1$,于是 $n_0 + n_1 + n_2 = 3n_1 = 1\,987$,这是荒谬的,因为 1 987 不是 3 的整数倍.由此证得了 $n_0 + 2 \leqslant n_2 - 1$.这表明,在三个数

$$n_0 + 2, \quad n_1 - 1, \quad n_2 - 1$$

中,$n_2 - 1$ 是最大的数,它比原先最大的数 n_2 减少了 1.这三个数中最小的数是 $n_0 + 2$ 或 $n_1 - 1 (\geqslant n_0)$,不比原来的最小数 n_0 更小.以上的论证可以总结为:当原来的三个数互不相等时,经过一次调整之后,颜色相同的最多片数下降了 1,同色的最少片数不会减少.由于原来的差 $n_2 - n_0$ 为一有限数,可见这种调整不可能无止境地进行下去,也就是说,到了某一步,必然会出现有两种颜色的玻璃片的数目相等,这样就化成了已经回答了的、最简单的情况.**证毕**.

请注意:这里的证明是"构造性的",即不仅证明了目的总可达到,而且具体地指明了达到目的的途径.这里举一个数值例子:有17块玻璃片,开始的时候,红、黄、蓝三种颜色的片数分别为2,1,14,按上述方法反复进行调整,得到一个数表(表5-1).这表明:经过8次调整之后,出现了6块红玻璃以及6块蓝玻璃,所以再经过6次显然的调整,便可使17块玻璃片全部涂成了黄色.这里所谓的"磨光",就是说最终可达到"清一色"的境地.

表 5-1

2	1	14
1	3	13
3	2	12
2	4	11
4	3	10
3	5	9
5	4	8
4	6	7
6	5	6

当我们转来证明第二个结论的时候,再用红、黄、蓝三种颜色来叙述就很不方便了.这时的关键是:要用某种合适的方式把三种颜色"数字化".

很明显,红、黄、蓝三种颜色可以被任何三种不同的对象代替,特别地,可以分别用0,1,2三个数字代替,问题的实质并没有变化.这时问题的形式变为:在1 987块玻璃片上,每一块上写着0,1,2三个数字中的一个.允许进行以下的操作:将写有不同数字的两块玻璃片上的数字擦去,然后写上第三个数字.求证:适当安排这种调整,总可以在有限步之后,使得每一片玻璃上写着同一个数字.

把所有玻璃片上的数字之和记为 s.设0,1,2三个数字的个数分别为 n_0,n_1,n_2,显然 $s = n_1 + 2n_2$.现在来看经一次调整之后,s 是如何改变的,分以下三种情况来讨论:

擦去一个0与一个1,写上2,这时总和变为 $s+3$;

擦去一个0与一个2,写上1,这时总和仍为 s;

擦去一个 1 与一个 2,写上 0,这时总和变为 $s-3$.

由此可见,在调整的过程中,虽然总和 s 是一个变量,但是,这种改变不过是相差 3 的某一整数倍,这也就是说:"总和 s 被 3 除所得的余数是一个不变量".

另一方面,如果每一块玻璃上写的都是 0,那么数字的总和也是 0,可被 3 整除,如果写的都是 1,那么数字的总和为 1 987,被 3 除余 1;如果写的都是 2,那么数字的总和为 $2×1$ 987,这个数被 3 除余 2.由于每一个整数关于模 3 只能与 0,1,2 中之一同余,因此,任何一个确定的初始分布,最终只能化为上述特殊情况之一.以本节的数值例子为例,这时,$s=2×0+1×1+14×2=29$,它被 3 除余 2;但是 17 块全写着 1 的玻璃片上的数字之和为 17,被 3 除也余 2,因此最终可调整为全是 1 的情况,也就是全为黄色的情况,这从前面的表 5 - 1 中可以明显看到.

题中的数字 1 987 可以改为任何不能被 3 整除的正整数,结论仍然成立,但不可以改为可被 3 整除的正整数.例如讨论 3 块玻璃片,初始状态是红、红、蓝,这时不论经过多少次调整,也不会出现"清一色"的局面;如果初始状态是红、黄、蓝,这时经过一次调整之后,既可以变为全红,也可以变为全黄或者全蓝,唯一确定性就不存在了.

6　小孩分糖块

数学大师华罗庚(1910—1985)教授曾任中国科学院数学所所长,1958 年中国科学技术大学成立时,他担任这个大学的数学系系主任,后来又升任副校长.华先生热情倡导并亲自主持中学生数学竞赛,1962 年和 1963 年他主持北京市数学竞赛,邀请了中科院数学所、北京大学数学系、北师大数学系以及中国科学技术大学数学系的专家,为中学生举办讲座,反复推敲竞赛命题,以至改卷评分,倾注了大量心血.在大师的主持下,这两年的数学竞赛,总的特点是,不看重知识,重在巧思,以达到灵活运用的目的.这两年来,在美国数学刊物有报道北京市数学竞赛的题目,可惜的是,这种数学竞赛,没能坚持下来,这主要缘于政治气候的改变.

在第 5 节中又一次看到,如要证明反复进行某一变换最终达到磨光的目的,掌握最大值和最小值在调整中的变化,就等于抓住了"牛鼻子".

本节的例子再一次说明了这个事实.

例 1(北京市数学竞赛,1962 年)　有若干个小孩围坐一圈,在老师的指导下玩分糖块的游戏,首先,每个小孩手中握有偶数块糖,老师一声令下,每一个小孩将手中糖块的一半分给自己的右邻.这样做过之后,如果有的小孩手中的糖块数变成了奇数,他可向老师补要一块糖以凑成偶数,这样算是完成了一次调整.

求证:不管原来糖块分配状况如何,经有限次调整之后,每个小孩手中的糖块是一样多的.

证明 这里所说的调整,实际上就是变换,可以看成是非负的偶数组之间的变换.在这里,变换的规则已经明确指出,不需要由我们设计,也不需要我们安排变换的顺序,这与第 5 节的例子不同.唯一要求我们做的是,证明反复进行这一变换,经有限次之后,可以实现磨光(即消灭差别)的目的.

设在进行调整之前,每个小孩手中的最多糖块数为 $2m$,最少糖块数为 $2n$.如果 $m=n$,表明每个小孩手中糖块已一样多,目的已经达到.故设 $m>n$.我们指出这种变换有以下三条性质:

(1) 调整后,每个小孩手中的糖块数仍在 $2n$ 与 $2m$ 之间.

这是因为,设某小孩子手中有 $2h$ 块糖,他的左邻手中有 $2k$ 块糖.那么一次调整后,这个小孩手中的糖块数变为 $h+k$(当 $h+k$ 为偶数时),或变为 $h+k+1$(当 $h+k$ 为奇数时).由于 $n\leqslant h,k\leqslant m$,故 $2n\leqslant h+k\leqslant 2m$.如果 $h+k$ 为奇数,这一不等式实际为 $2n<h+k<2m$,因此仍有 $2n<h+k+1\leqslant 2m$,这就证明了结论.

用通俗的话来说,在调整过程中,每个小孩手中的糖块数,"上面封了顶,下面保了底".

(2) 调整前手中糖块多于 $2n$ 的小孩,调整后手中糖块仍多于 $2n$.

这是因为,若 $h>n$,那么 $h+k+1>h+k>n+n=2n$.

(3) 手持 $2n$ 块糖的小孩的人数,在一次调整之后至少减少 1.

理由如下：一定能找出一个手持 $2n$ 块糖的小孩，他的左邻手中的糖块数 $2k > 2n$；如果不是如此，说明每个小孩手中糖块数均为 $2n$，与 $n < m$ 矛盾！调整之后，这个手持 $2n$ 块糖的小孩手中至少有 $k+n$ 块糖，但显然的是 $k+n > n+n = 2n$.

总括以上三条性质可见：在调整过程中，最大值不会变大，但经过有限次（注意：不是说每一次）调整之后，最小值在变大. 显然，这种情况不可能无限制地出现，也就是说，经过有限次调整之后，每个小孩手中的糖块数会一样多. **证毕**.

这个题目，行文简洁明快，证明方法非常初等，不需要任何知识，只需要"磨光"的技巧.

1963 年北京市数学竞赛也是一个很好的题目，它非常新颖，妙趣横生，它不是"磨光"，不是和谐，不是平直，而恰恰相反，有一点"独断独行，一统天下"的韵味. 这个题目是这样的：

例 2（北京市数学竞赛，1963 年）　设一分的硬币 2^n 枚，其中 n 为任意正整数，随机地分布在若干盒子中. 设任意两个盒子 A 和 B，分别有 p 枚硬币和 q 枚硬币. 若 $p \geq q$，我们可以允许从盒子 A 中取出 q 枚硬币放入盒子 B 中，这种行为叫做"一次操作". 证明：不管原来的硬币分布如何，总有有限次的操作能够把所有的硬币堆进一个盒子.

证明　假若 m 个盒子编成号码 $1, 2, \cdots, m$，第 i 个盒子包含 p_i 枚硬币，所有的硬币数目是

$$p_1 + p_2 + \cdots + p_m = 2^n.$$

我们希望的结果用数学归纳法来作：2^n 其中 $n = 1, 2, \cdots$.

对于 $n = 1$，也就是说，有两枚硬币. 如果两枚硬币装入一个盒子中，已经不需要任何的操作；如果在 A 与 B 中，各有一枚硬

币,把 A 中的硬币移到 B 中,B 中有两枚硬币了,所以 $n=1$ 结论自然成立.

假设 2^n 枚硬币总可以移到一个盒子中.

用数学归纳法来证明我们的结论,我们考虑 2^{n+1} 枚硬币的情形.我们首先注意到:所有为奇数的硬币一定是偶数,不然的话全部硬币为奇数,与 2 的方幂不合.设 $2s$ 是盒子中为奇数硬币.如果 $s>0$,能够找到两个盒子 A 与 B,它们的硬币 $p \geqslant q$ 都是奇数,以 A 中把 q 枚硬币移到 B 中,得到 A 有 $p-q$ 枚硬币,而 B 有 $2q$ 枚硬币.两个盒子中,硬币的数目都是偶数.反复这样的操作,我们得出,所有的非空的盒子中,硬币的数目为偶数 $(2,4,6,\cdots)$.

现在,所有的盒子中硬币成双成对,我们将两枚硬币粘贴在一起,做成"加厚型硬币",数目是 2^n.由归纳法假设,只有一个盒子可装 2^n 枚加厚型硬币.再把加厚型硬币一一折开来,我们有 2^{n+1} 枚正常的硬币在一个盒子中,**证毕**.

硬币总数 2^n 是非常关键的.如果是 3 枚硬币,分成两个盒子,A 是 2 枚硬币,B 是 1 枚硬币,无论怎么操作,都不能够将 3 枚硬币放在一个盒子里.

最后一个问题是 Putnam 数学竞赛 1973 年 B1 的题目.

例 3　设 $a_1,a_2,\cdots,a_{2n+1}$ 都是整数,如果任意拿走一个整数,其他 $2n$ 个整数可以分成两组,每组有 n 个整数,并且它们的和数相等.求证:$a_1=a_2=\cdots=a_{2n+1}$.

证明　由于在证明中将要反复提到题目中所说的性质,为了方便,将那个性质叫做"均分性质".我们的题目说的是:一组整数 $a_1,a_2,\cdots,a_{2n+1}$ 具有均分性质,那么必有 $a_1=a_2=\cdots$

$= a_{2n+1}$.

把 a_1 拿出来,其余的 $2n$ 个数 $a_2, a_3, \cdots, a_{2n+1}$ 可以被分为两组,各组中一切数字和相等,无妨记为 s 好了. 由此推知,$a_2 + a_3 + \cdots + a_{2n+1} = 2s$,是一个偶数. 由于

$$a_1 = (a_1 + a_2 + \cdots + a_{2n+1}) - (a_2 + a_3 + \cdots + a_{2n+1})$$
$$= (a_1 + a_2 + \cdots + a_{2n+1}) - 2s,$$

所以 a_1 与 $a_1 + a_2 + \cdots + a_{2n+1}$ 有相同的奇偶性,从而 $a_1, a_2, \cdots, a_{2n+1}$ 有相同的奇偶性. 也就是说,这些数中

$$a_1, \quad a_2, \quad \cdots, \quad a_{2n+1}$$

要么全是奇数,要么全是偶数.

在上述数列中,各数减去 a_1,变成

$$0, \quad a_2 - a_1, \quad a_3 - a_1, \quad \cdots, \quad a_{2n+1} - a_1.$$

很明显,这组新数中,具备均分性质,并且每一个都是偶数. 按上述各数以 2 除之,得到

$$0, \quad \frac{a_2 - a_1}{2}, \quad \frac{a_3 - a_1}{2}, \quad \cdots, \quad \frac{a_{2n+1} - a_1}{2}.$$

很明显地,它们还具备均分性质. 由此推知,它们有相同的奇偶性;但由于 0 在其中,故上行中的各数都是偶数. 再以 2 除之,又得出一组新的整数

$$0, \quad \frac{a_2 - a_1}{2^2}, \quad \cdots, \quad \frac{a_{2n+1} - a_1}{2^2},$$

它们仍具有均分性质,而且它们都是偶数……对于 2^k, $k = 1, 2, \cdots$,只有 $a_1 = a_2 = \cdots = a_{2n+1}$ 才有可能. **证毕**.

7　糖块换成砂糖

我们继续第 6 节的例 1 谈起.

设想每个小孩手中握的不是糖块,而是砂糖,每一次调整意味着每个小孩将自己手中的糖量的一半分给他的右邻,这时再没有"补糖"问题了.设想把任意数量的砂糖按质量严格地平分为二没有技术上的困难,那么不断地进行调整,会有什么后果?

用 $x_i, i = 1, 2, \cdots, n$ 表示第 i 个小朋友手中砂糖的重量,这样就对应着一组放置在一个圆周上的数(图 7-1),用 $x_i^{(1)}$ 表示经过第一次调整后第 i 个小朋友手中的糖量,很显然

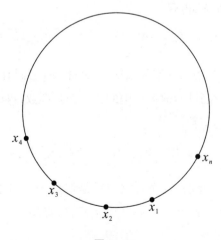

图 7-1

$$x_i^{(1)} = \frac{x_i + x_{i+1}}{2}, \quad i = 1, 2, \cdots, n. \tag{1}$$

这里,所有的下标作关于模 n 的运算,即 $x_{n+1} = x_1$, $x_{n+2} = x_2$, 如此等等.经过 k 次调整之后,第 i 个小朋友手中的糖量记为 $x_i^{(k)}$,我们有

$$x_i^{(k)} = \frac{x_i^{(k-1)} + x_{i+1}^{(k-1)}}{2}, \quad i = 1, 2, \cdots, n. \tag{2}$$

这一变换的磨光性质体现在等式

$$\lim_{k \to \infty} x_i^{(k)} = \frac{x_1 + x_2 + \cdots + x_n}{n}, \quad i = 1, 2, \cdots, n. \tag{3}$$

事实上,对于任何给定的实数 $x_1, x_2, \cdots, x_n$(它们不必全部非负),在规定式(1)与式(2)之下,必有式(3)成立.首先我们在限制

$$x_1 + x_2 + \cdots + x_n = 0 \tag{4}$$

之下来证明式(3).设常数 M 适合

$$|x_i| \leqslant M, \quad i = 1, 2, \cdots, n. \tag{5}$$

由式(1)及式(2)可以推知

$$x_1^{(1)} = \frac{x_1 + x_2}{2},$$

$$x_1^{(2)} = \frac{x_1 + 2x_2 + x_3}{2^2},$$

$$x_1^{(3)} = \frac{x_1 + 3x_2 + 3x_3 + x_4}{2^3},$$

一般地

$$x_1^{(n-1)} = \frac{\sum_{i=1}^{n} \binom{n-1}{i-1} x_i}{2^{n-1}}. \tag{6}$$

这里 $\binom{n-1}{i-1}$ 表示从 $n-1$ 个对象中取 $i-1$ 个对象的取法.

由式(6)与式(4)得

$$x_1^{(n-1)} = \frac{\sum_{i=1}^n \binom{n-1}{i-1} x_i - \sum_{i=1}^n x_i}{2^{n-1}}$$

$$= \frac{1}{2^{n-1}} \sum_{i=1}^n \left[\binom{n-1}{i-1} - 1 \right] x_i,$$

再由式(5)得

$$|x_1^{(n-1)}| \leqslant \frac{M}{2^{n-1}} \sum_{i=1}^n \left[\binom{n-1}{i-1} - 1 \right].$$

但是

$$\sum_{i=1}^n \left[\binom{n-1}{i-1} - 1 \right] = \sum_{i=1}^n \binom{n-1}{i-1} - \sum_{i=1}^n 1$$

$$= 2^{n-1} - n,$$

故

$$|x_1^{(n-1)}| \leqslant M \left(1 - \frac{n}{2^{n-1}} \right).$$

由于每一个 x_i 在操作中处于完全平等的位置,故有

$$|x_i^{(n-1)}| \leqslant M \left(1 - \frac{n}{2^{n-1}} \right), \quad i = 1, 2, \cdots, n. \qquad (7)$$

如果对 $x_1^{(n-1)}, x_2^{(n-1)}, \cdots, x_n^{(n-1)}$ 继续作 $n-1$ 次调整,这时应把式(7)右边的那个数当成式(5)右边的 M,再利用式(7),得

$$|x_i^{(2n-2)}| \leqslant M \left(1 - \frac{n}{2^{n-1}} \right)^2, \quad i = 1, 2, \cdots, n.$$

一般地,对于任何正整数 k,有

$$|x_i^{(kn-k)}| \leqslant M\left(1 - \frac{n}{2^{n-1}}\right)^k, \quad i = 1, 2, \cdots, n. \quad (8)$$

由于对任何正整数 n,有 $0 \leqslant 1 - \frac{n}{2^{n-1}} < 1$,由式(8)可见

$$\lim_{k \to \infty} x_i^{(kn-k)} = 0, \quad i = 1, 2, \cdots, n. \quad (9)$$

对于正整数 m,总可以找到正整数 k,使得 $k(n-1) \leqslant m < (k+1)(n-1)$.由前面的推导可知

$$|x_i^{(m)}| \leqslant \max(|x_1^{(kn-k)}|, |x_2^{(kn-k)}|, \cdots, |x_n^{(kn-k)}|)$$

对 $i = 1, 2, \cdots, n$ 成立,由式(9)便能推出

$$\lim_{m \to \infty} x_i^{(m)} = 0 \quad (10)$$

对 $i = 1, 2, \cdots, n$ 成立.这样,就在限制式(4)之下证明了式(3).

现在去掉限制式(4),考虑 n 个任意的实数 $x_1, x_2, \cdots, x_n$.令

$$\overline{x} = \frac{x_1 + x_2 + \cdots + x_n}{n},$$

然后来讨论下列 n 个实数:

$$x_1 - \overline{x}, \quad x_2 - \overline{x}, \quad \cdots, \quad x_n - \overline{x}. \quad (11)$$

很明显,对于数组(11)来说,它们的和等于零,即限制式(1)对于这组数来说是成立的.另一方面,对这一组数而言,一次调整之后就是

$$x_1^{(1)} - \overline{x}, \quad x_2^{(1)} - \overline{x}, \quad \cdots, \quad x_n^{(1)} - \overline{x},$$

再调整一次便是

$$x_1^{(2)} - \overline{x}, \quad x_2^{(2)} - \overline{x}, \quad \cdots, \quad x_n^{(2)} - \overline{x},$$

m 次调整后,则为

$$x_i^{(m)} - \overline{x}, \quad i = 1, 2, \cdots, n.$$

由已证的结果得知

$$\lim_{m\to\infty}(x_i{}^{(m)}-\bar{x})=0, \quad i=1,2,\cdots,n,$$

亦即

$$\lim_{m\to\infty}x_i{}^{(m)}=\bar{x}, \quad i=1,2,\cdots,n.$$

这样,我们最终证明了式(3).

　　如果取 $n=3$,这里得到的结论已在第 3 节的式(5)中得到了证明.那里的证明是简单的,不过,那种证明不能直接地被搬过来证明本节所讨论的一般情况.

　　如同第 3 节,当把糖块换成砂糖之后,一般来说,不能在有限步之后达到彻底的磨光,而只能在极限的意义之下完成彻底的磨光.

8 圆周上的围棋子

在 20 世纪 60 年代初,前苏联有一道很优美的数学竞赛题目,如果不拘泥于原题的叙述,而采用为我国人民所熟知的围棋子(大家知道,围棋子有黑子和白子两种)来表达,那么该题可以表述如下:

n 是一个正整数,有 2^n 个围棋子均匀地分布在同一圆周上,完成以下的动作算作一次调整:如果相邻两个围棋子是同色的,则在它们所在圆弧的中点上放一黑子;如果相邻两个围棋子是异色的,则在它们所在圆弧的中点上放一白子;然后把原先的那 2^n 个围棋子撤走.求证:不论最初那 2^n 个围棋子的颜色分布如何,经过有限次调整之后,可使圆周上放的全是黑子!

由最初的颜色不统一的状态,最后得到全为黑子的状态,我们说,题中所设计的变换(调整)具有消灭差别的性质,即磨光性质.

初看起来,这简直不像一个数学题目,因为它既不涉及任何几何关系,又没有可供运算的对象.这正是这个题目的第一个妙处.关键之处在于,要把它转化为一个数学题目,即要设法找出可用来作运算的东西.

让我们回想一下调整的规则:"同色围棋子之间放黑子,异色围棋子之间放白子",这同整数加法中"奇偶性相同的两整数之和为偶数,奇偶性相异的两整数之和为奇数"是何等的相似!

现在,用 0 来代表全体偶数,也代表其中的任何一个偶数,用 1 来代表全体奇数,也代表其中的任何一个奇数.对于加法而言,我们有如下运算法则:

+	0	1
0	0	1
1	1	0

依照题目所说的调整规律,我们应当用 0 来代表黑子,用 1 来代表白子.圆周上围棋子的任何一种分布,在指定一个围棋子为起点并规定依逆时针方向排列顺序的时候,可以表为

$$x_1, \quad x_2, \quad x_3, \quad \cdots, \quad x_{m-1}, \quad x_m,$$

这里 $x_i = 0$ 或 $1, i = 1, 2, \cdots, m$,而 $m = 2^n$.经过一次调整之后,围棋子的分布可以表为

$$x_1 + x_2, \quad x_2 + x_3, \quad \cdots, \quad x_{m-1} + x_m, \quad x_m + x_1,$$

这里的"加法",应按上述表格中的规则来计算.

我们不把 $x_1, x_2, \cdots, x_m$ 排在同一圆周上,而排在同一直线上(按从左到右的方向)也许更加方便.这时我们把它们以周期 m 扩大为双方含有无穷多元素的序列:

$$x_{-2} \quad x_{-1} \quad x_0 \quad x_1 \quad x_2 \quad x_3 \qquad\qquad x_{m-1} \quad x_m \quad x_{m+1}$$

这里 $x_i = 0$ 或 1，i 可以为任何整数，且 $x_{i+m} = x_i$ 对于任何整数 i 成立. 这条直线上任何 m 个排在一起的数，都可以代表圆周上围棋子的分布. 经过一次调整后，所得的数列便是 $x_i + x_{i+1}$，这里 i 代表任何整数，我们令

$$x_i^{(1)} = x_i + x_{i+1}, \tag{1}$$

$x_i^{(1)}$ 上角的 (1) 表示是经过第一次调整后所形成的数列. 现在，我们引入两个形式算子如下：

$$Ix_i = x_i, \quad Ex_i = x_{i+1}, \tag{2}$$

这里 i 代表任何整数. I 作用到任何 x_i 上仍得到 x_i，故称 I 为 **恒等算子**；E 作用到任何 x_i 之后，得出 x_i 右边的那一项，即 x_{i+1}，故称 E 为 **移位算子**. 有了这两个算子之后，公式便可表为

$$x_i^{(1)} = Ix_i + Ex_i = (I + E)x_i.$$

我们指出，$x_i^{(1)}$ 仍是一个周期为 m 的数列，这是因为

$$x_{i+m}^{(1)} = x_{i+m} + x_{i+m+1} = x_i + x_{i+1} = x_i^{(1)}.$$

再经一次变换之后，得到的数列记为 $x_i^{(2)}$，很显然

$$x_i^{(2)} = (I + E)x_i^{(1)} = (I + E)^2 x_i.$$

一般地，经过 k 次调整之后，得到数列

$$x_i^{(k)} = (I + E)^k x_i,$$

它仍然是一个以 m 为周期的双向无限的数列，此数列中每一个项不是 0，便是 1.

由式 (2) 可知，算子 I 与 E 是可以交换的，这是因为

$$EIx_i = E(Ix_i) = Ex_i = x_{i+1},$$

$$IEx_i = I(Ex_i) = Ix_{i+1} = x_{i+1}.$$

所以 $EIx_i = IEx_i$. 因此，我们可将 $(I + E)^k$ 作二项式展开

$$(I + E)^k = I + \binom{k}{1}E + \binom{k}{2}E^2 + \cdots + \binom{k}{k-1}E^{k-1} + E^k. \quad (3)$$

上式右边出现的 $E^2, E^3, \cdots$ 分别表示算子 E 连续作用 $2, 3, \cdots$ 次,例如

$$E^2 x_i = E(E x_i) = E x_{i+1} = x_{i+2},$$

$$E^3 x_i = E^2(E x_i) = E^2 x_{i+1} = x_{i+3},$$

等等.最值得关心的情况是:在展开式(3)的右边所有的系数均为奇数,也就是说,我们希望知道,当 k 取何值时,式(3)右边的组合系数 $\binom{k}{i}$ 全为奇数.下面的定理回答了这一问题.

定理　对任何正整数 n,组合数 $\binom{2^n - 1}{i}$, $i = 0, 1, \cdots,$ $2^n - 1$ 全为奇数.

证明　按组合数的计算公式,我们有

$$\binom{2^n - 1}{i} = \frac{(2^n - 1)(2^n - 2) \cdots (2^n - i)}{1 \cdot 2 \cdot \cdots \cdot i}, \quad (4)$$

用 k 代表 $1, 2, \cdots, i$ 中的任何一个数,将 k 作如下的分解:

$$k = 2^{q_k} p_k.$$

这里 p_k 为奇数,q_k 为非负整数.显然 $q_k < n$,于是式(4)可以写为

$$\binom{2^n - 1}{i} = \frac{(2^{n-q_1} - p_1)(2^{n-q_2} - p_2) \cdots (2^{n-q_i} - p_i)}{p_1 p_2 \cdots p_i}. \quad (5)$$

这时显然可见,乘积 $p_1 p_2 \cdots p_i$ 为奇数,并且由于 $2^{n-q_1} - p_1$, $2^{n-q_2} - p_2, \cdots, 2^{n-q_i} - p_i$ 均为奇数,所以它们的乘积也为奇数.这说明,式(5)右边的分子、分母均为奇数,所以式(5)代表的只能为奇数,否则,用 $p_1 p_2 \cdots p_i$ 乘之,将得出分子为一个偶数,这

是一个矛盾. **证毕.**

这个定理说的是:杨辉三角的第 $1,2,4,8,16,32,\cdots$ 行全由奇数组成. 这一事实可由图 8-1 得到验证.

在式(3)中代入 $k=2^n-1$,我们得到:在作过 2^n-1 次调整之后,有

$$
\begin{aligned}
x_i^{(m-1)} &= (I+E)^{m-1}x_i \\
&= (I+\lambda_1 E+\lambda_2 E^2+\cdots+\lambda_{m-1}E^{m-1})x_i \\
&= x_i+\lambda_1 x_{i+1}+\lambda_2 x_{i+2}+\cdots+\lambda_{m-1}x_{i+m-1},
\end{aligned}
$$

$$
\begin{array}{ccccccccc}
 & & & & 1 & & & & \\
 & & & 1 & & 1 & & & \\
 & & 1 & & 2 & & 1 & & \\
 & 1 & & 3 & & 3 & & 1 & \\
 1 & & 4 & & 6 & & 4 & & 1 \\
\end{array}
$$

$$
\begin{array}{ccccccccccc}
1 & & 5 & & 10 & & 10 & & 5 & & 1 \\
\end{array}
$$

$$
\begin{array}{ccccccccccccc}
1 & & 6 & & 15 & & 20 & & 15 & & 6 & & 1 \\
\end{array}
$$

$$
1 \quad 7 \quad 21 \quad 35 \quad 35 \quad 21 \quad 7 \quad 1
$$

图 8-1

这里 $\lambda_1,\lambda_2,\cdots,\lambda_{m-1}$ 为奇数,而 $m=2^n$. 因此,按加法表得

$$
\lambda_1 x_{i+1}=x_{i+1}, \quad \cdots, \quad \lambda_{m-1}x_{i+m-1}=x_{i+m-1},
$$

于是

$$
x_i^{(m-1)} = x_i+x_{i+1}+x_{i+2}+\cdots+x_{i+m-1}. \tag{6}
$$

由于 $i,i+1,i+2,\cdots,i+m-1$ 是 m 个连续的整数,由周期性,我们得出

$$
x_i^{(m-1)} = x_1+x_2+\cdots+x_m
$$

对一切整数 i 成立. 上式右边是一个与指标 i 无关的数. 如果这

个数等于 0,说明经过 $m-1$ 次调整之后,圆周上全部出现黑子;如果这个数等于 1,说明圆周上全部出现白子,这时再经过一次调整,就得到全都是黑子的情况.这样,我们不但证明了所需的结论,而且得知,至多经过不超过 $m=2^{n}$ 次的调整,圆周上便会全部出现黑子.

9 最一般的情况

在第 8 节中,围棋子的数目为 2 的方幂这一限制是十分重要的,不然的话结论可能不成立.以三个围棋子为例,如果是两白一黑,那么无论作多少次调整,也绝不能达到全变为黑子的情况.事实上,永远也改变不了两白一黑的布局.

设 m 为圆周上围棋子的数目,在本节里,m 不必是 2 的正整数方幂.我们要研究的是,在怎样的条件下,经过有限次调整能达到"全为黑子"的局面.

对于任何一个正整数 m,总可以有如下的分解式:

$$m = 2^n(2p+1), \tag{1}$$

式中 n 与 p 是非负整数.当 m 为奇数时,也只有在此时,$n=0$;当 $p=0$ 时,m 就是 2 的方幂.

以下的讨论中,总是设 m 已表为式(1)的形式.讨论无限整数列

$$2, \quad 2^2, \quad 2^3, \quad 2^4, \quad \cdots,$$

在这个数列中,总有两项,例如 2^{s_1} 及 2^{s_2}(其中 $s_1 < s_2$)关于模 $2p+1$ 是同余的,设

$$2^{s_1} = (2p+1)t_1 + r,$$
$$2^{s_2} = (2p+1)t_2 + r,$$

这里 t_1 与 t_2 是非负整数.将它们相减,得到

$$2^{s_1}(2^{s_2-s_1}-1) = (2p+1)(t_2-t_1).$$

此式表明 2^{s_1} 能整除上式右边,由于 $2p+1$ 为奇数,故 2^{s_1} 必整除 t_2-t_1. 用 t 来记 $\dfrac{t_2-t_1}{2^{s_1}}$,于是得出

$$2^{s_2-s_1}=(2p+1)t+1,$$

令 $s=s_2-s_1$,则 s 是一个正整数. 至此,我们已经证明,存在正整数 s 及 t,使得

$$2^s=(2p+1)t+1. \tag{2}$$

将上式两边同乘以 2^{n+1},得

$$2^{n+1+s}=2mt+2^{n+1}.$$

根据第 8 节中的式(6),得

$$x_1^{(2^{n+1+s}-1)}=x_1+x_2+\cdots+x_{2^{n+1+s}}$$
$$=(x_1+x_2+\cdots+x_{mt})+(x_{mt+1}+x_{mt+2}+\cdots+x_{2mt})$$
$$+(x_{2mt+1}+\cdots+x_{2mt+2^{n+1}}).$$

由于数列 $\{x_i\}$ 有周期 m,上式可写为

$$x_1^{(2^{n+1+s}-1)}=(x_1+x_1)+(x_2+x_2)+\cdots$$
$$+(x_{mt}+x_{mt})+x_1+x_2+\cdots+x_{2^{n+1}}.$$

注意到

$$x_i+x_i=0,$$

所以

$$x_1^{(2^{n+1+s}-1)}=x_1+x_2+\cdots+x_{2^{n+1}}=x_1^{(2^{n+1}-1)},$$

实际上,上式中的下标 1 可以换为任何整数 i,即有

$$x_i^{(2^{n+1+s}-1)}=x_i^{(2^{n+1}-1)}. \tag{3}$$

最后的等式表明,变换 $2^{n+1+s}-1$ 次之后,黑子、白子的分布与变换 $2^{n+1}-1$ 次之后的分布完全相同,以后不断做下去,总会回到这样一种分布. 所以,是否会出现"全部黑子"的现象,就看变

换到第 $2^{n+1}-1$ 次时是不是出现了全部黑子的现象.

设在作过 $2^{n+1}-1$ 次变换之后,圆周上出现的全为黑子,这时必有

$$x_1^{(2^{n+1}-1)}=x_1+x_2+\cdots+x_{2^{n+1}}=0,$$

$$x_2^{(2^{n+1}-1)}=x_2+x_3+\cdots+x_{2^{n+1}+1}=0.$$

将以上两式相减,得出

$$x_1=x_{2^{n+1}+1}.$$

这表明,围棋子黑白的分布必须以 2^{n+1} 为一个周期.但是,由于我们的规定,它们又是以 $m=2^n(2p+1)$ 为一个周期的.注意到 2^{n+1} 与 m 的最大公约数为 2^n,所以围棋子颜色的分布必须以 2^n 为一个周期.

反之,如果圆周上的围棋子可以分为 k 段,每一段包含相同数目的围棋子,这个数目为 2 的某一方幂,同时这个数又是黑白分布的一个周期,那么对整体的变换可以看成是对 k 个布有围棋子的圆周来独立进行变换.依第 8 节的结论,经有限步变换后,围棋子总是可以全部变成黑的.

总结起来说,我们可以陈述以下的非常一般的定理.

定理　在一个圆周上放着 m 个黑、白两色的围棋子.按第 8 节所规定的方法对它们进行变换(即"调整").在有限步后一定能得到全为黑子的充要条件是 m 为 2 的某一方幂;当 m 不是 2 的方幂时,初始状态的黑白分布以 2 的某一方幂为一个周期,并且 m 为这一方幂的整倍数.

让我们看一个极端的情形.设 m 为一个奇数,就是说圆周上放有奇数个围棋子.这时 m 只能是 $2^0=1$ 的倍数,只有周期为 1 的情况下才能变为全部黑子.周期为 1 意味着:所有围棋子

有相同的颜色,或全是白色或全是黑色.这是两种平凡的情况,显然至多经过一次变换,可以达到全黑的目的.定理告诉我们,除了这两种平凡的情形,其他任何情形都不能变为同色的状况.

当然,以上两种特殊情形,也不难证得.我们只需证明:对于奇数个围棋子,如果颜色不全相同,则调整一次之后,仍是不全同色的.这是因为在不全同色的情况下,一定可以找到相邻两个围棋子,它们一白一黑.如果调整一次之后全得出白子,那么原来围棋子必须是黑、白相间的,这对于奇数个围棋子的情形,是不可能的.

本节的有趣结论是中国科学技术大学的校友、北京大学数学系刘嘉荃教授所证明的.

10 杜 赛 问 题

还有一个古老的问题,据说是杜赛(Ducci)提出的,与第 8 节讨论的问题是密切相关的.

设 $A = (a_1, a_2, \cdots, a_n)$ 是一个有序的 n 元数组,其中 a_1, $a_2, \cdots, a_n$ 为非负整数.定义一个变换 T,它把 n 元数组 A 变为如下的 n 元数组:

$$(|a_2 - a_1|, |a_3 - a_2|, \cdots, |a_1 - a_n|),$$

这个数组记为 $T(A)$.显然 $T(A)$ 是一个由非负整数组成的 n 元数组,T 仍可对它进行作用,记为 $T^2(A)$,再定义 $T^3(A)$,如此等等.

对于 $n = 4$,我们可以看下面的例子:

$$(2,4,6,8) \xrightarrow{T} (2,2,2,6) \xrightarrow{T} (0,0,4,4)$$
$$\xrightarrow{T} (0,4,0,4) \xrightarrow{T} (4,4,4,4)$$
$$\xrightarrow{T} (0,0,0,0);$$
$$(3,4,1,0) \xrightarrow{T} (1,3,1,3) \xrightarrow{T} (2,2,2,2)$$
$$\xrightarrow{T} (0,0,0,0);$$
$$(4,7,2,1) \xrightarrow{T} (3,5,1,3) \xrightarrow{T} (2,4,2,0)$$
$$\xrightarrow{T} (2,2,2,2) \xrightarrow{T} (0,0,0,0).$$

由这些例子,我们猜想到,变换 T 具有磨光性质.事实上,我们有如下的结论:当 n 为 2 的某一正整数方幂时,不管 A 是怎样一个给定的 n 元数组,总有一个正整数 k,使

$$T^k(A) = (0,0,\cdots,0).$$

为了证明这一结论,我们分两步走.

第一步,设 A 中的每一元素 a_i 只取 0 与 1 这两个值,并且它们之间的加法按第 8 节中图 8-1 来进行,也就是说 $0+0=1+1=0,1+0=0+1=1$.因此,当 a,b 取 0 与 1 这两个值时,$|a-b|=a+b$.这样一来,若

$$A = (a_1, a_2, \cdots, a_n)$$

时,那么前面所定义的变换 T 有如下效果:

$$T(A) = (a_1+a_2, a_2+a_3, \cdots, a_n+a_1).$$

这与第 8 节中的调整方案是完全一致的.因此,只需引用那边的结果,而不需要重新证明,立即得到:存在正整数 k,使得

$$T^k(A) = (0,0,0,\cdots,0).$$

正像在那里所指出的,可以使 $k \leqslant n$,也就是说,至多 n 次就可以把数组变为全部由零组成.

第二步,现在再设 A 中的每一项都是非负的整数.用记号 A' 表示由 A 的各项被 2 除后产生的余数所组成的数组,例如:

　　　若 $A=(1,2,3,4)$,　则 $A'=(1,0,1,0)$;

　　　若 $A=(1,3,5,7)$,　则 $A'=(1,1,1,1)$;

　　　若 $A=(2,4,6,8)$,　则 $A'=(0,0,0,0)$,

如此等等.我们先来证明 $(T(A))'=T(A')$.式中右边的 T 是第一步中定义的变换,左边的 T 是本节一开始就定义了的变换.设 $A=(a_1,a_2,\cdots,a_n)$.令 $A'=(a_1', a_2', \cdots, a_n')$,其中 a_i' 表示 a_i 被 2 除后所得的余数,因此

$$T(A) = (|a_2 - a_1|, |a_3 - a_2|, \cdots, |a_1 - a_n|).$$

故

$$(T(A))' = (|a_2' - a_1'|, |a_3' - a_2'|, \cdots, |a_1' - a_n'|)$$
$$= (a_1' + a_2', a_2' + a_3', \cdots, a_n' + a_1')$$
$$= T(A').$$

用归纳法可证,对任何正整数 k,均有 $(T^k(A))' = T^k(A')$.

当 n 为 2 的某一方幂时,由第一步知 $T^n(A') = 0$,这里 0 表示 $(0, 0, \cdots, 0)$.故我们有 $(T^n(A))' = 0$.这表明,数组 $T^n(A)$ 中的每一项全为偶数,于是 $\frac{1}{2} T^n(A)$ 表示数组 $T^n(A)$ 中各项被 2 除之后所形成的数组,它是一个由非负整数所组成的 n 元数组,因此又有 $T^n\left(\frac{1}{2} T^n(A)\right) = 0$.由定义可知

$$T^n\left(\frac{1}{2} T^n(A)\right) = \frac{1}{2} T^n(T^n(A)) = \frac{1}{2} T^{2n}(A),$$

由此得知 $\frac{1}{2^2} T^{2n}(A)$ 中的各项为非负整数……如此继续下去,可知 2^m 可以整除 $T^{mn}(A)$ 的各项.另一方面,设 A 中各项的最大值为 a,由 T 的定义可知, $T(A)$ 中的最大项不会大于 a,对 $T^{mn}(A)$, $m = 1, 2, 3, \cdots$ 也是如此.因此当我们取 m 使得 $2^m > a$ 时,可知 $T^{mn}(A)$ 中的每一项非等于 0 不可,即 $T^{mn}(A) = 0$. **证毕**.

当 n 不是 2 的方幂时,结论一般不成立.例如 $A = (0, 0, 1)$,便是反例.

11　调整整数矩阵

一个长方形的数表称为一个**矩阵**:

$$\begin{pmatrix} a_{11} & a_{12} & \cdots & a_{1n} \\ a_{21} & a_{22} & \cdots & a_{2n} \\ \vdots & \vdots & & \vdots \\ a_{m1} & a_{m2} & \cdots & a_{mn} \end{pmatrix}.$$

矩阵的每一横排叫做"行",从上到下来计算行的顺序,矩阵的每一竖直的排叫做"列",从左到右来计算列的顺序.数 a_{ij} 称为这个矩阵的元素,第一个下标 i 表示它所在的行数,第二个下标 j 表示它所在的列数.上面写出的那个有 m 行、n 列的矩阵,称为 $m \times n$矩阵.

在高等数学中,有专门研究矩阵理论的内容.

如果 a_{ij} 都是整数,那么这个矩阵称为"整数矩阵".在矩阵理论中,对于整数矩阵又有特殊的研究方式.

现在,设 A 是任意给定的一个整数矩阵.将 -1 去乘 A 的任何一行或任何一列,得到的矩阵显然仍为一整数矩阵.以上的操作可以看成是一个变换,它把一个整数矩阵变为另一个整数矩阵.

下面是一个命题:不管 A 是怎样的一个整数矩阵,经过有限次的上述变换之后,必可得到一个这样的矩阵 B,它的每一行、每一列元素的和是非负的.

在这里,我们关注的是一个矩阵各行及各列元素之和的符号,如果它们都变成非负的,便认为它们有了统一的符号,算是"光"了.我们应当证明的是:上述变换的确具有磨光性质.

如果没有抓到要害,证明上述结论并非易事.

设 A 是本节开头所写下的那个矩阵.我们定义 A 的一个函数

$$f(A) = \sum_{i=1}^{m} \sum_{j=1}^{n} a_{ij},$$

即该矩阵中一切元素之和,显然这是一个整数.

如果 A 中的某一行元素之和为负数,当然最大只能为 -1;用 -1 去乘这一行之后,每个元素有了相反的符号,这行的元素之和也就变成了正数,最小也不会小于 1.如果用 D 表示由 A 变过来的矩阵,显然有

$$f(D) - f(A) \geq 1 - (-1) = 2.$$

这表明,经过每一次变换之后,f 的值至少增加 2.但是

$$f(A) \leq \sum_{i=1}^{m} \sum_{j=1}^{n} |a_{ij}|,$$

而右边那个数对于任何变换后的矩阵来说都是相等的,所以这种变换不能无限地进行下去.也就是说,经过有限次变换之后,矩阵中各行、各列的元素之和必全为非负的.

证明本题的关键在于找到一个合适的取整数值的函数,它在每一次变换之下是增加的.下一节的问题在这一点上与本题相似,但需要更多的技巧.

12　两道国际数学竞赛题

国际中学生数学竞赛，简称 IMO，是国际性水平最高的竞赛，众多的国家和地区参加，是世界数学新苗一试身手的盛会。多少年来，中国的选手在历届 IMO 中，取得了最靓丽的成绩。

1986 年，对于中国中学生数学竞赛的历史也是值得庆祝的日子。那年夏天，第 27 届 IMO 在波兰华沙举行，中国队的 6 位队员以满队的身份正式参加了竞赛，揭开了中国队参加国际数学奥林匹克竞赛新的一页。中国队的领队是老一辈数学家王寿仁教授和裘宗沪教授。

我想谈一谈这届 IMO 的两个题目，即第 3 题和第 2 题。先讲第 3 个题目，题目的表述是这样的：

例 1　在一个正五边形的每一顶点上放置一个整数，已知这五个数之和是正的。若连续的三个顶点上放置的数依次为 x，y，z 且 $y<0$，则允许进行以下的操作：三数 x，y，z 依次被 $x+y$，$-y$，$z+y$ 所代替。只要有一个顶点上所放的数为负数时，这种操作就可以进行下去。试问：这种操作是否在经过有限次之后必须停止？

作为第一天竞赛的最后一题，就表明当年国际数学奥林匹克竞赛的主试委员会认为这是一个难度最大的题目。竞赛的结果也表明，主试委员会的预见是有根据的。

本题的答案是：的确在经过有限次操作之后，必然会终止。

也就是说,经过有限次操作之后,五个顶点上所放的数全为正数.从符号的统一可视为"光"的意义之下,这种操作具有磨光性质,经过有限次变换之后,必然达到磨光的目的.

这个题目的解答是这样的:

这 5 个数的和数在操作的过程中,是一个不变量,这就是说,在每一步的数值是保持不变的.这 5 个数的和记为 s,根据假设,$s > 0$.

设 x_1, x_2, x_3, x_4, x_5 这 5 个数分别对应五边形的顶点,考察函数

$$f(x_1, x_2, x_3, x_4, x_5) = \frac{1}{2} \sum_{i=1}^{5} (x_{i+1} - x_{i-1})^2,$$

或者

$$f(x_1, x_2, x_3, x_4, x_5) = \sum_{i=1}^{5} x_i{}^2 - \sum_{i=1}^{5} x_{i-1} x_{i+1},$$

其中 $x_0 = x_5$ 且 $x_6 = x_1$.

假设有 5 个数,其中一个是负值,改变标号,我们可以设 $x_3 < 0$,选取 $x = x_2, y = x_3, z = x_4$.为方面起见,令 $u = x_1, w = x_5$.得到变换

$$(x_1{}', x_2{}', x_3{}', x_4{}', x_5{}') = (u, x + y, -y, y + z, w).$$

我们考察 f 值的改变是

$$\sum_{i=1}^{5} (x_i{}')^2 - \sum_{i=1}^{5} x_i{}^2 = (x + y)^2 + (y + z)^2 - x^2 - z^2$$

$$= 2xy + 2y^2 + 2yz,$$

$$\sum_{i=1}^{5} x_{i-1} x_{i+1} - \sum_{i=1}^{5} x_{i-1}{}' x_{i+1}{}'$$

$$= (wx + uy + xz + yw + zu)$$

$$-(w(x + y) - uy + (x + y)(y + z) - yw + (y + z)u)$$
$$= uy - xy - y^2 - yz + yw.$$

两式相加得到

$$f(x_1{}', x_2{}', x_3{}', x_4{}', x_5{}') - f(x_1, x_2, x_3, x_4, x_5)$$
$$= uy + xy + y^2 + yz + yw$$
$$= y(u + x + y + z + w)$$
$$= sy < 0.$$

因此,实际上,f 的数值形成了严格递减的正整数数列.所以,操作必然停止.**证毕**.

这一年,由于想法标新立异,美国选手克恩(Keane)获得了国际数学奥林匹克主试委员会颁发的"特别奖".

我们暂且不谈第二个题目的本身,听我娓娓道来.这个题目,由中国数学家提交国际主试委员会作为竞赛试题,因而有特殊的意义,对中国来说,1986 年考题,还是第一次.在那以后,中国命的 IMO 考题,屡见不鲜了.

1986 年 3 月,作者与吉林大学齐东旭教授在浙江大学参加"计算几何"学术讨论会.由于初等数学是我们的共同爱好,所以它成了我们晚间聊天的话题.齐东旭向我谈起 1985 年"五四青年智力竞赛"有一道这样的题目:

例 2　地面上有 A,B,C 三点,一只青蛙位于地面上距 C 点为 27 厘米的 P 点处.青蛙第一步从 P 点跳到关于 A 点的对称点 P_1 点,第二步从 P_1 点跳到关于 B 点的对称点 P_2 点,第三步从 P_2 点跳到关于 C 点的对称点 P_3 点,第四步从 P_3 点跳到关于 A 点的对称点 P_4 点……按这种方式一直跳下去,若青蛙在第 1 985 步跳到了 $P_{1\,985}$ 点,问 P 点与 $P_{1\,985}$ 点相距多少厘米?

解　1 985 是一个很大的数目.如果你想实实在在地一步一步地把青蛙的行踪画出来,那是不可想象的事,谁也没有那么多的时间和耐心来重复这种单调无味的操作.有理由相信,在青蛙跳的过程之中,一定可以找到某种简单的规律.

从一点出发找出关于某一固定点的对称点,是由点到点的变换.为了解这一个题目,初中数学课本中的"中点公式"就足以够用.设 (x_1,y_1) 与 (x_2,y_2) 是直角坐标系中的任何两点,那么联结这两点的线段的中点的坐标由公式

$$\left(\frac{x_1+x_2}{2},\frac{y_1+y_2}{2}\right)$$

给出.

现在设在某个平面直角坐标系中, $A=(x_a,y_a)$, $B=(x_b,y_b)$, $C=(x_c,y_c)$ 且 $P=(x_0,y_0)$, 而 $P_i=(x_i,y_i)$, $i=1$, $2,\cdots,1\,985$.我们只需关注横坐标的变化.

由于 A 点是 P 点与 P_1 点的中点,依中点公式得

$$x_a=\frac{x_0+x_1}{2},$$

即

$$x_1=2x_a-x_0.$$

由同样的理由

$$x_2=2x_b-x_1=2x_b-2x_a+x_0,$$
$$x_3=2x_c-x_2=2x_c-2x_b+2x_a-x_0,$$

令 $k=2(x_c-x_b+x_a)$,这是一个定数,所以

$$x_3=k-x_0.$$

注意到青蛙由 P_3 点跳到 P_6 点的过程与它从 P 点跳到 P_3 点的过程完全一样,因此利用上式可知

$$x_6 = k - x_3 = k - (k - x_0) = x_0.$$

同理 $y_6 = y_0$，即 $P_6 = P$．这说明，青蛙跳过六次之后就回到了原来的出发点．用数学的语言来说，这种变换具有周期性，周期为 6，也就是说

$$P = P_6 = P_{12} = P_{18} = P_{24} = \cdots.$$

由于 $1\,985 = 6 \times 330 + 5$，故

$$P_{1\,985} = P_5,$$

而 P_5 点与 $P_6 (= P)$ 点是关于 C 点对称的两点，所以

$$\overline{P_5 P} = 2\,\overline{CP} = 2 \times 27 = 54\text{（厘米）},$$

这就是我们的答案．**证毕**．

齐东旭问：有没有再推广的可能性？

青蛙的"对称跳"的特点是：走直线，不拐弯，就像大家玩最普通的"跳棋"一样．如果设想青蛙有更高的智商，会拐弯，当会出现另一番景象．

平面上任意给定不同的 3 点 A, B, C．设平面中有一点 P_0，从 P_0 联一直线到达 A，设 θ 为某一个角，青蛙到达 A 点之后，左拐 θ，沿直线使 $\overline{P_0 A} = \overline{AP_1}$．青蛙到达后，从 P_1 沿着直线到达 B，左拐 θ 沿着直线使得 $\overline{P_1 B} = \overline{BP_2}$ 到达 P_2．青蛙从 P_2 走直线到 C 后，又左拐 θ 沿直线使得 $\overline{P_2 C} = \overline{CP_3}$ 到达 P_3．再从 P_3 沿直线到达 A……周而复始，继续下去．有什么结果？会不会有周期的现象？

对我们来说，我们的题目用复数表示最为简洁而方便．"左转弯 θ 运动"就代表 $\mathrm{e}^{\mathrm{i}\theta} = \cos\theta + \mathrm{i}\sin\theta$：

$$(A - P_0)\mathrm{e}^{\mathrm{i}\theta} = P_1 - A.$$

为了记号简单，令 $u = \mathrm{e}^{\mathrm{i}\theta}$，我们便有

$$P_1 = (1+u)A - uP_0.$$

用同样的方法可得以下一系列的等式:

$$P_2 = (1+u)B - uP_1$$
$$= (1+u)(B-uA) + u^2P_0.$$

进一步有 $P_3 = (1+u)C - uP_2$,也就是

$$P_3 = (1+u)(C-uB+u^2A) - u^3P_0.$$

由于从 P_3 到 P_6 与从 P_0 到 P_3 的过程完全一样,利用上式可得

$$P_6 = (1+u)(C-uB+u^2A) - u^3P_3.$$

最后得到

$$P_6 = (1-u^3)(1+u)(C-uB+u^2A) + u^6P_0.$$

现在令 $u^6 = 1$,可得

$$P_6 = (1-u^3)(1+u)(C-uB+u^2A) + P_0,$$

如果 $P_6 = P_0$,便有

$$(1-u^3)(1+u)(C-uB+u^2A) = 0.$$

若 $u^3 - 1 = 0$ 或者 $u+1 = 0$,上面那个方程会自动被满足,不管 3 点 A,B,C 如何选取,相应的 4 个根是 $u = 1, \mathrm{e}^{2\pi \mathrm{i}/3}, \mathrm{e}^{-2\pi \mathrm{i}/3}$, -1,也就是 $\theta = 0, \dfrac{2\pi}{3}, -\dfrac{2\pi}{3}, \pi$.6 次单位根其中另外 2 个是 $u = \mathrm{e}^{\pi \mathrm{i}/3}$ 和 $\mathrm{e}^{-\pi \mathrm{i}/3}$,在这些场合中,方程

$$C - uB + u^2A = 0$$

成立.因为 $u^2 = u - 1$,方程变为

$$C - A = (B-A)u,$$

这里 θ 是 $60°$ 或 $-60°$.也就是说,当 $\theta = \dfrac{\pi}{3}$ 时 ABC 是正向的等边三角形(图 12-1),而当 $\theta = -\dfrac{\pi}{3}$ 时 ABC 是负向的等边三角

形(图 12-2).因 1 986 是 6 的整倍数.两个结论中第一个结论,正是 IMO 选手们所需要的.

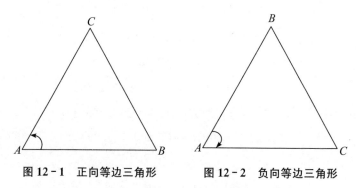

图 12-1　正向等边三角形　　　图 12-2　负向等边三角形

现在,我们撇开"对称跳"、"青蛙"之类的形象语言,直接进入 IMO 的数学题目.

例 3　在平面上有一个三角形 $A_1 A_2 A_3$ 和一个给定的点 P_0,定义 $A_s = A_{s-3}$,对于所有的 $s \geqslant 4$.构造点列 P_1,P_2,P_3,…,使得以 A_{k+1} 为中心,从 P_k 沿着顺时针方向旋转 $120°$,并记为 P_{k+1},这里 $k = 0,1,2,\cdots$.证明:如果 $P_{1\,986} = P_0$,那么三角形 $A_1 A_2 A_3$ 是等边三角形.

除了上面复数证明之外,还有其他的两个证明供读者参考.这一本书叫做《International Mathematical Olympiads,1986—1999》,《美国数学协会》出版,作者是 Marcin E. Kuczma,波兰数学家.

证法 1　考察平面上的变换,由复合所定义:$f = r_3 \circ r_2 \circ r_1$,这里 r_j 是关于 A_j 的顺时针方向旋转 $120°$,映射 f 保持长度和每一个向量的方向,因此,它就是一些向量的平移.根据问题的条件,$f(P_0) = P_3$,而由周期性,$f^n(P_0) = P_{3n}$,这里符号 f^n 表

示 n 重复合(迭代) $f \circ f \cdots \circ f$. 因为 f 是 v 的平移, f^n 是向量 nv 的平移. 因 $n = 662$, 我们有 $P_{3n} = P_{1\,986} = P_0$. 因此 v 是零向量, 意味着 f 是恒等映射. 记点是 B. 于是 $A_1 = f(A_1) = r_3(r_2(r_1(A_1))) = r_3(r_2(A_1)) = r_3(B)$.

两个等腰三角形 $A_1 A_2 B$ 和 $BA_3 A_1$ 不是重合的, 它们有相等的角($\angle A_2 = \angle A_3 = 120°$)并且有公共的底边 $A_1 B$, 因而它们是全等的. 于是 $A_1 A_2 B A_3$ 是一菱形(两个角是 $60°$ 和 $120°$)(图 $12 - 3$), 这表明 $A_1 A_2 A_3$ 是一个等边三角形. **证毕.**

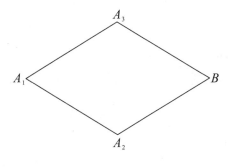

图 12 - 3

证法 2　仍用复数解法.

给定的点 $A_k, P_k, k = 0, 1, 2, \cdots$ 代表着复数 a_k, p_k. 让记号 r_1, r_2, r_3 和 f 表示证法 1 中的同样映射. 旋转 r_k 从任何一点(复数) z 变到它的像

$$r_k(z) = (z - a_k)\lambda + a_k,$$

这里 λ 是三次单位根

$$\lambda = \cos\left(\frac{2}{3}\right)\pi - i \sin\left(\frac{2}{3}\right)\pi$$

$$= -\frac{1}{2}(1 + \sqrt{3}i).$$

因为 $\lambda^3 = 1$，所以

$$f(z) = (((z - a_1)\lambda + a_1 - a_2)\lambda + a_2 - a_3)\lambda + a_3$$
$$= (z - a_1)\lambda^3 + (a_1 - a_2)\lambda^2 + (a_2 - a_3)\lambda + a_3$$
$$= z + \omega,$$

这里

$$\omega = (a_1 - a_2)\lambda^2 + (a_2 - a_3)\lambda + (a_3 - a_1)$$
$$= (\lambda - 1)((a_1 - a_2)(\lambda + 1) + (a_2 - a_3)).$$

根据假设，$p_0 = p_{1\,986} = f^{662}(p_0) = p_0 + 662\omega$，证明 $\omega = 0$，因为 $\lambda - 1 \neq 0$，我们得到

$$(a_1 - a_2)(\lambda + 1) + (a_2 - a_3) = 0.$$

注意到 $a_1 - a_2 \neq 0$（点 a_1, a_2, a_3 是一个三角形的三顶点）. 用 $a_1 - a_2$ 相除，得到

$$\frac{a_3 - a_2}{a_1 - a_2} = \lambda + 1 = \frac{1 - \sqrt{3}\mathrm{i}}{2}$$

$$= \cos\left(\frac{\pi}{3}\right) - \mathrm{i}\sin\left(\frac{\pi}{3}\right).$$

这个方程的几何意义是：$A_1 A_2 A_3$ 是等边三角形，而且是负向的.

13　中国数学冬令营的特别奖

1987 年元月,中国数学冬令营在北京大学举行. 笔者本人也参加了主试委员会的命题工作,基中试题中的第 2 题正是笔者题供的. 现将这个题目表述如下:

例 1　把一个给定的等边三角形 ABC 的各边都 n 等分,过各分点作平行于其他两边的直线,将这个三角形分成小三角形,小三角形的每一个顶点都称为**结点**. 在每一个结点上放置了一个实数. 已知

(1) A,B,C 三顶点上放置的数分别是 a,b,c;

(2) 在每个由有公共的两个最小三角形组成的菱形中,两组相对顶点上放置的数之和相等.

试求所有的结点上的总和 S_n(图 13-1).

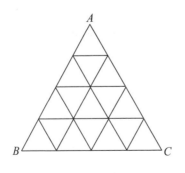

图 13-1　$n=4$

我们不忙着来证明这个定理.考察有下列关系的 5 个结点上所放的数(图 13-2).由性质(2)可得:

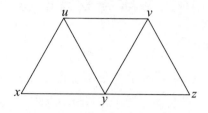

图 13-2

$$y + u = x + v,$$
$$y + v = z + u.$$

上两式相加并化简,得到 $2y = x + z$,这个等式又可以写成 $y - x = z - y$,这表明,**任一共线的结点上所放的数成一等差数列**.

我们有多少个结点?应当是

$$1 + 2 + \cdots + (n + 1) = \frac{1}{2}(n + 1)(n + 2).$$

由题设,每一个结点放置的数目是固定的,所有数目的和等于多少?

对于 $n = 1$ 而言,情况非常简单(图 13-3),是三个数之和 $a + b + c$.

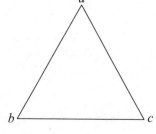

图 13-3

对于 $n=2$,我们有三个等差数列,见图 13-4.

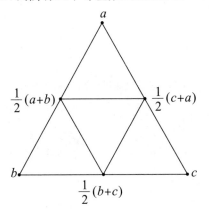

图 13-4

$$a + b + c + \frac{1}{2}(a+b) + \frac{1}{2}(b+c) + \frac{1}{2}(c+a) = 2(a+b+c).$$

六个数之和是 $2(a+b+c)$.

再看 $n=3$(图 13-5).四个数形成的等差数列 $a, \frac{1}{3}(2a+b)$,

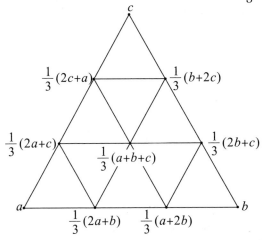

图 13-5

$\frac{1}{3}(a+2b)$, b 的和是 $2(a+b)$；三个数形成的等差数列

$\frac{1}{3}(2a+c)$, $\frac{1}{3}(a+b+c)$, $\frac{1}{3}(2b+c)$ 的和是 $a+b+c$；两个

数 $\frac{1}{3}(2c+a)$, $\frac{1}{3}(b+2c)$ 的和是 $\frac{1}{3}(a+b+4c)$；最一个数就是

c. 总加起来, 得到

$$2(a+b)+(a+b+c)+\frac{1}{3}(a+b+4c)+c$$

$$=\frac{10}{3}(a+b+c).$$

对于一般的正整数 n. 我们有公式

$$S_n=\frac{(n+1)(n+2)}{6}(a+b+c).$$

只要知道等差级数的公式, 而且耐心细致, 求出 S_n 是没有困难的.

但是, 那届冬令营的一个选手, 上海向明中学的学生潘子刚 (他后来成了我国参加第 28 届国际中学生奥林匹克的代表队员)所给出的解答充分地利用了对称性, 为此, 他获得了本届冬令营主试委员会的特别奖. 作者感叹, 数学是年轻人的!

潘子刚的解答

将同一个正三角形按不同的方位放置, 如图 13-6, 然后把

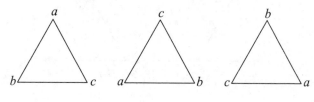

图 13-6

三个图形叠加起来,得一张新的三角形数表,三个顶点上的数是 $a+b+c$,参看图 13-7.

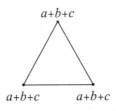

图 13-7

由于原来的三张数表有性质(2),所以三个数表叠加起来,也有性质(2),由此可知,每一个结点上所放的数都是 $a+b+c$,因此其总和为

$$\frac{(n+1)(n+2)}{2}(a+b+c).$$

但因它是由具有同一和数 S_n 的三张三角形数表叠起来的,故上数为 $3S_n$,所以

$$S_n = \frac{(n+1)(n+2)}{6}(a+b+c),$$

证毕.

2010 年 Putnam 数学竞赛的题目 B4,表述非常简单,证法值得玩味,其核心的想法归结为等差数列.

例 2　找出实系数多项式 $p(x)$ 和 $q(x)$,适合

$$p(x)q(x+1) - p(x+1)q(x) = 1.$$

解　设 $p(x)$ 与 $q(x)$ 满足给定的条件,它们都不恒等于零.由条件

$$p(x)q(x+1) - p(x+1)q(x) = 1,$$
$$p(x-1)q(x) - p(x)q(x-1) = 1.$$

两式相减,得到

$$p(x)(q(x+1)+q(x-1))=q(x)(p(x+1)+p(x-1)).$$

在最初的方程中,蕴涵 $p(x)$ 与 $q(x)$ 没有常数因子,所以

$$p(x)\,|\,(p(x+1)+p(x-1)).$$

因为 $p(x+1)$ 和 $p(x-1)$ 是同次的多项式,这说明

$$p(x)=\frac{1}{2}(p(x-1)+p(x+1)),$$

我们推出

$$p(x-1),\quad p(x),\quad p(x+1),\quad p(x+2),\quad \cdots$$

是等差级数,所以 $p(x)=a+bx$,类似地,$q(x)=c+dx$. 令 $p(0)=a$, $p(1)=a+b$, $q(0)=c$, $q(1)=c+d$, 有等式 $a(c+d)-c(a+b)=1$, 这也就是 $ad-bc=1$.

　　两个一次多项式 $p(x)=a+bx$, $q(x)=c+dx$ 适合 $ad-bc=1$, 就是我们的解.

14   无穷递降法

在第 12 节的证明中,我们用到了这样一个事实:假若对于某种类型的状态定义着一个取值为正整数的函数,如果有一个变换,在它对一状态作用之下,这个函数是严格递减的,那么这一变换只能做到有限次就必须终止.这是由于不存在严格减小的有无穷项的正整数数列.

这种推理的方法称为**无穷递降法**.

我们举两个例子.

在中学课本中,曾经证明过 $\sqrt{2}$ 是无理数.一般地,只要正整数 a 不是某一个整数的平方,那么 $\sqrt{a}$ 就是无理数.我们用无穷递降法来证明这一命题,可以避免使用任何初等数论的知识.

假设 $\sqrt{a}$ 为有理数,即 $\sqrt{a} = \dfrac{n}{m}$,这里 m 与 n 均为正整数,由此得出 $am^2 = n^2$.因为 $\sqrt{a}$ 不是整数,故存在正整数 k 使得 $k < \dfrac{n}{m} < k+1$,由此得出 $mk < n < mk + m$,即 $0 < n - mk < m$.将等式 $n^2 = am^2$ 两边同时减去 mnk 得

$$n^2 - mnk = am^2 - mnk,$$

从而

$$\frac{n}{m} = \frac{am - nk}{n - mk}.\tag{1}$$

令 $m_1 = n - mk$，$n_1 = am - nk$，由式(1)得出

$$\frac{n}{m} = \frac{n_1}{m_1}.\tag{2}$$

已知 m_1 是小于 m 的正整数，由式(2)可知 n_1 必是小于 n 的正整数。用上述方法定义了一个变换，它把 (m,n) 变为 (m_1,n_1)，m_1,n_1 满足式(2)并且 $m > m_1 > 0$，$n > n_1 > 0$。把 (m_1,n_1) 当成原先的 (m,n)，这种变换还可以进行下去，即得到 (m_2,n_2)，它们都是正整数，满足

$$\sqrt{a} = \frac{n_2}{m_2},$$

并且 $m > m_1 > m_2 > 0$，$n > n_1 > n_2 > 0$。这种变换可以无止境地进行下去，这就违反了无穷递降法的原理。这一矛盾表明：$\sqrt{a}$ 不可能是有理数。

1988 年 7 月，第 29 届国际数学奥林匹克竞赛在澳大利亚的首都堪培拉举行，这是庆祝澳大利亚建国 200 周年的大型国际活动之一。作者和复旦大学数学系舒五昌教授有幸分别担任中国队的正、副领队，和 6 位选手奋力拼搏，为国争光，取得了团体总分第二名的优异成绩。下面的问题是这次竞赛中最难的一道题目，它可以利用无穷递降法来解决。

例　设存在正整数 a 与 b 使得 $ab + 1$ 可整除 $a^2 + b^2$，求证：

$$\frac{a^2 + b^2}{ab + 1}\tag{3}$$

是一个整数的平方.

证明　记式(3)的值为 k.若 $a=b$,则我们有

$$2a^2 = k(a^2+1),$$

也就是

$$(2-k)a^2 = k.$$

这时必须有 $k=1$,从而 $a=b=1$.

不失一般性,可设 $a>b>0$.把式(3)写为

$$a^2 - kba + (b^2-k) = 0, \tag{4}$$

将式(4)看成 a 的一个二次方程,除 a 之外,另一个根记为 c.由根与系数的关系得

$$a+c = kb, \tag{5}$$

$$ac = b^2 - k. \tag{6}$$

由式(5)可知 $c = kb - a$ 为一整数.由式(4)可知 c 满足

$$\frac{c^2+b^2}{cb+1} = k, \tag{7}$$

由此知 c 不可为负整数,即 $c \geqslant 0$.再由

$$k = \frac{a^2+b^2}{ab+1} < \frac{a^2+b^2}{ab} = \frac{a}{b} + \frac{b}{a} < \frac{a}{b} + 1,$$

可知 $c = kb - a < b$.如果 $c=0$,由式(7)可知 $k = b^2$,命题得证.如果 $c>0$,我们可对式(7)重复同一过程,得到整数 d,它满足 $0 \leqslant d < c$ 并使得

$$\frac{c^2+d^2}{cd+1} = k. \tag{8}$$

如果 $d=0$,由式(8)可知 $k = c^2$,命题得证.如果 $d>0$,我们再对式(8)进行同上处理.这样,我们造出了一个严格递降的正

整数列 $a>b>c>d>\cdots$，这个数列中不可能含有无穷多项，这就是说，经过有限步之后，必定得出两个整数 $g>h=0$，使得

$$\frac{g^2+h^2}{gh+1}=k,$$

即 $k=g^2$，这样就完全证明了所需的结论. **证毕**.

　　以上的解法是一位保加利亚选手做出的，由此，他获得了本届竞赛的特别奖.

15 折纸条的数学

从本节起,我们比较集中地谈谈几何中的变换.

1979 年,美国著名的几何学家匹多(D. Pedoe,1910—1998)在加拿大的数学杂志《Crux Mathematicorum》上提出了一个问题,他写道:"我不知道这个问题的来源,是若干年前一个学生问到我的."他的问题是这样的:直线 l 与 m 是一张纸条的两条平行边,P_1 与 Q_1 分别是 l 与 m 上的点(图 15-1).将 P_1Q_1 沿着直线 l 折过去,得到折痕 P_1Q_2;将 P_1Q_2 沿着直线 m 折过去,得到折痕 P_2Q_2;将 P_2Q_2 沿着直线 l 折过去,得到折痕 P_2Q_3.如果将这一过程无限地进行下去,求证:$\triangle P_nP_{n+1}Q_{n+1}$ 将趋向于一个等边三角形.

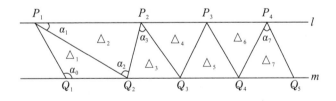

图 15-1

证明如下:设 $\alpha_0,0<\alpha_0<\pi$ 是 P_1Q_1 与直线 m 所成的角.当我们把 P_1Q_1 与直线 l 重合时,折痕 P_1Q_2 与 l 的夹角记为 α_1.其后的 $\alpha_2,\alpha_3,\cdots$ 是有公共点的两条折痕所夹的角,三角形 $\triangle_1,\triangle_2,\triangle_3,\cdots$ 意义如图 15-1 所示.由于 l 与 m 平行,并且注

意到由同一条折痕所形成的邻角是相等的,因此在三角形 $\triangle_1$ 中,三个角分别是 $\alpha_0,\alpha_1,\alpha_1$;用数学归纳法可以证明,在三角形 $\triangle_n$ 中,三个角分别是 $\alpha_{n-1},\alpha_n,\alpha_n$. 因此,我们有等式

$$\alpha_{n-1}+2\alpha_n=\pi, \quad n=1,2,3,\cdots. \tag{1}$$

这个等式可以变形为

$$\alpha_n-\frac{\pi}{3}=\left(-\frac{1}{2}\right)\left(\alpha_{n-1}-\frac{\pi}{3}\right),$$

反复地利用这一公式一推到底,得出

$$\alpha_n-\frac{\pi}{3}=\left(-\frac{1}{2}\right)^n\left(\alpha_0-\frac{\pi}{3}\right), \quad n=0,1,2,\cdots. \tag{2}$$

由于 $\lim\limits_{n\to\infty}\left(-\dfrac{1}{2}\right)^n=0$,由上式可知

$$\lim_{n\to\infty}\alpha_n=\frac{\pi}{3}.$$

这说明,当 n 充分大时,三角形 $\triangle_n$ 的三个角都非常接近 60°,粗略地说,$\triangle_n$ 越来越接近于一个等边三角形,这个三角形的高为 l 与 m 之间的距离. 由于等边三角形是三角形中最对称的,所以上述由折纸条所造成的几何变换(把一个三角形变成另一个三角形)可被认为具有磨光性质.

下面的一个例子有着与前题十分相似的结构.

设圆 O 有任意内接 $\triangle ABC$. 取劣弧 $\overset{\frown}{AB}$,$\overset{\frown}{BC}$,$\overset{\frown}{CA}$ 的中点并分别记为 C_1,A_1,B_1,得到一个内接于圆 O 的 $\triangle A_1B_1C_1$;又取劣弧 $\overset{\frown}{A_1B_1}$,$\overset{\frown}{B_1C_1}$,$\overset{\frown}{C_1A_1}$ 的中点并分别记为 C_2,A_2,B_2,得 $\triangle A_2B_2C_2$. 重复施行同一变换,便得出一个由三角形组成的序列. 求证:当 $n\to\infty$ 时,$\triangle A_nB_nC_n$ 趋向于一个内接于圆 O 的等边三角形.

证明如下：由图 15 - 2 可知 $\angle A_1$ 所对的弧是 $\overset{\frown}{CA} + \overset{\frown}{AB}$ 的一半，因此

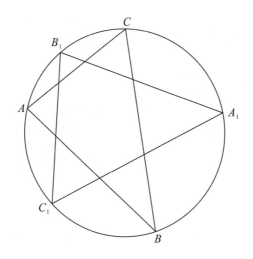

图 15 - 2

$$\angle A_1 = \frac{\angle B + \angle C}{2},$$

同理

$$\angle B_1 = \frac{\angle C + \angle A}{2},$$

$$\angle C_1 = \frac{\angle A + \angle B}{2}.$$

一般地，有

$$\angle A_n = \frac{\angle B_{n-1} + \angle C_{n-1}}{2}, \quad n = 0,1,2,\cdots,$$

其中 $\angle A_0 = \angle A$，$\angle B_0 = \angle B$，$\angle C_0 = \angle C$. 注意到 $\angle A_{n-1} + \angle B_{n-1} + \angle C_{n-1} = \pi$，故上式可写为

$$\angle A_n = \frac{\pi}{2} - \angle \frac{A_{n-1}}{2},$$

也就是

$$\angle A_n - \frac{\pi}{3} = \left(-\frac{1}{2}\right)\left(\angle A_{n-1} - \frac{\pi}{3}\right),$$

一推到底,得

$$\angle A_n - \frac{\pi}{3} = \left(-\frac{1}{2}\right)^n \left(\angle A - \frac{\pi}{3}\right), \quad n = 1,2,3,\cdots.$$

由此可见

$$\lim_{n\to\infty}\angle A_n = \frac{\pi}{3},$$

同理

$$\lim_{n\to\infty}\angle B_n = \lim_{n\to\infty}\angle C_n = \frac{\pi}{3}.$$

这就是所需的结论.

16 收敛的速度

　　本节的例子看上去与第15节的例子有类似之处,但它们是有着根本的区别的:在本节中经由变换产生的三角形序列虽然它们的三边越来越近乎相等,但它们不是趋向于一个固定的等边三角形,而是收缩为一个点.

　　早在1956年,在《美国数学月刊》的问题栏中,就提出了下面这样一个问题:$\triangle ABC$ 为任意给定的三角形,作它的内切圆,在三边 BC,CA,AB 上的切点分别记为 A_1,B_1,C_1(图 16-1),再作$\triangle A_1B_1C_1$ 的内切圆,它在三边上的切点分别记为 $A_2,B_2,$ C_2.无止境地重复这一过程,得到一个无穷的三角形序列

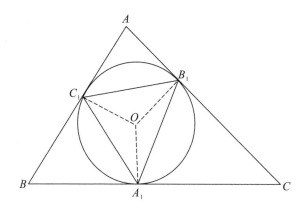

图 16-1

$$\triangle A_0B_0C_0 = \triangle ABC, \quad \triangle A_1B_1C_1, \quad \triangle A_2B_2C_2, \quad \cdots.$$

在这些三角形中,前一个总是包含着后一个,越往后,所得的三角形就越小,所以我们称之为"三角形套". 我们将 $\triangle A_n B_n C_n$ 对应的三边之长记为 a_n, b_n, c_n 且用 r_n 来记此三角形内切圆的半径.《美国数学月刊》的问题是:求证:

$$\lim_{n\to\infty}\frac{r_n}{a_n}=\lim_{n\to\infty}\frac{r_n}{b_n}=\lim_{n\to\infty}\frac{r_n}{c_n}=\frac{\sqrt{2}}{6}. \tag{1}$$

过了 24 年之后,即 1980 年,《Crux Mathematicorum》重新讨论了这一问题,并且要求证明:

$$\lim_{n\to\infty}\angle A_n=\lim_{n\to\infty}\angle B_n=\lim_{n\to\infty}\angle C_n=\frac{\pi}{3}. \tag{2}$$

从 $\triangle ABC$ 到 $\triangle A_1 B_1 C_1$,可以看成是一个确定的几何变换. 问题中的三角形套,就是不断地重复这一过程而得到的. 式(1)与式(2)有着相同的几何解释,这就是说,当 n 比较大的时候,经过 n 次变换所得到的 $\triangle A_n B_n C_n$ 将同等边三角形非常接近. 也就是说,这种几何变换也具有磨光性质.

事实上,设 O 为 $\triangle ABC$ 的内心(图 16 - 1). 在四边形 OB_1AC_1 中,$\angle B_1$ 与 $\angle C_1$ 为直角,故 $\angle B_1OC_1=180°-\angle A$,因为 $\angle B_1 A_1 C_1=\dfrac{\angle B_1OC_1}{2}$,所以 $\angle A+2\angle A_1=\pi$. 一般地,对于 $\angle A_n$ 与 $\angle A_{n-1}$,也有这种关系,即

$$\angle A_{n-1}+2\angle A_n=\pi, \quad n=1,2,3,\cdots.$$

这一关系与第 15 节的式(1)是一样的,因此我们仿照那里的式(2)可以写出

$$\angle A_n-\frac{\pi}{3}=\left(-\frac{1}{2}\right)^n\left(\angle A-\frac{\pi}{3}\right), \quad n=0,1,2,\cdots. \tag{3}$$

由此立得

$$\lim_{n\to\infty}\angle A_n=\frac{\pi}{3}.$$

同理,可以证明式(2)中的后两个等式.

利用式(3)来估计一下"磨光的速度"是十分有趣的.在式(3)中取 $n=7$,我们得到

$$\left|\angle A_7-\frac{\pi}{3}\right|=\left(\frac{1}{2}\right)^7\left|\angle A-\frac{\pi}{3}\right|$$

$$<\frac{1}{2\times64}\left(\pi-\frac{\pi}{3}\right)$$

$$=\frac{1}{64}\cdot\frac{\pi}{3}.$$

如果将上式右方的弧度化为"度",便得

$$\left|\angle A_7-\frac{\pi}{3}\right|<\left(\frac{15}{16}\right)^\circ<1^\circ.$$

这就是说,不管原来的 $\triangle ABC$ 是何等形状,在作过七次变换之后,所得出三角形中每个角与 60° 之差不会超过 1°.这表明磨光的速度是相当快的.

现在我们可以来解答《美国数学月刊》提出的问题了.用 r 来表示 $\triangle ABC$ 内切圆的半径,由图 16-1 可知

$$\frac{a}{r}=\cot\left(\frac{\angle B}{2}\right)+\cot\left(\frac{\angle C}{2}\right).$$

一般地,我们有

$$\frac{a_n}{r_n}=\cot\left(\frac{\angle B_n}{2}\right)+\cot\left(\frac{\angle C_n}{2}\right).$$

在上式令 $n\to\infty$,利用式(2),得

$$\lim_{n\to\infty}\frac{a_n}{r_n}=2\cot\left(\frac{60^\circ}{2}\right)=2\cot30^\circ=2\sqrt{3}.$$

由此推出式(1).

用 K_n 来记 $\triangle A_n B_n C_n$ 的面积, 直观上可以预见, 当 n 趋于无穷时, 有 $K_n \to 0$. 现在, 我们提出这样的问题: 能不能精确地描述 K_n 趋于零的速度? 下面, 我们给出肯定的回答.

首先, 利用初等几何可证明 $\triangle A_1 B_1 C_1$ 与 $\triangle ABC$ 的面积之间的关系, 精确地说, 我们有

$$K_1 = 2K_0 \sin\left(\frac{\angle A}{2}\right) \sin\left(\frac{\angle B}{2}\right) \sin\left(\frac{\angle C}{2}\right),$$

因此一般地, 有

$$K_{n+1} = 2K_n \sin\left(\frac{\angle A_n}{2}\right) \sin\left(\frac{\angle B_n}{2}\right) \sin\left(\frac{\angle C_n}{2}\right),$$

其中 $n = 0, 1, 2, \cdots$. 反复利用这一关系作递推, 得

$$K_{n+1} = 2^2 K_{n-1} \sin\left(\frac{\angle A_n}{2}\right) \sin\left(\frac{\angle A_{n-1}}{2}\right) \sin\left(\frac{\angle B_n}{2}\right)$$
$$\times \sin\left(\frac{\angle B_{n-1}}{2}\right) \sin\left(\frac{\angle C_n}{2}\right) \sin\left(\frac{\angle C_{n-1}}{2}\right).$$

一推到底, 我们有

$$K_{n+1} = 2^{n+1} K_0 \left(\prod_{k=0}^{n} \sin\left(\frac{\angle A_k}{2}\right)\right) \left(\prod_{k=0}^{n} \sin\left(\frac{\angle B_k}{2}\right)\right)$$
$$\times \left(\prod_{k=0}^{n} \sin\left(\frac{\angle C_k}{2}\right)\right),$$

其中, $\prod$ 代表连乘积, 且

$$\prod_{k=0}^{n} \sin\left(\frac{\angle A_k}{2}\right) = \sin\left(\frac{\angle A}{2}\right) \sin\left(\frac{\angle A_1}{2}\right) \cdots \sin\left(\frac{\angle A_n}{2}\right).$$

用 $2\cos\left(\frac{\angle A_n}{2}\right)$ 去乘上式两边, 利用公式

$$\angle A_n = \frac{\pi - \angle A_{n-1}}{2},$$

得

$$2\cos\left(\frac{\angle A_n}{2}\right)\prod_{k=0}^{n}\sin\left(\frac{\angle A_k}{2}\right) = \sin\angle A_n \prod_{k=0}^{n-1}\sin\left(\frac{\angle A_k}{2}\right)$$

$$= \sin\left(\frac{\pi}{2} - \frac{\angle A_{n-1}}{2}\right)\prod_{k=0}^{n-1}\sin\left(\frac{\angle A_k}{2}\right)$$

$$= \frac{1}{2} \cdot 2\cos\left(\frac{\angle A_{n-1}}{2}\right)\prod_{k=0}^{n-1}\sin\left(\frac{\angle A_k}{2}\right)$$

$$= \cdots$$

$$= \left(\frac{1}{2}\right)^n 2\cos\left(\frac{\angle A}{2}\right)\sin\left(\frac{\angle A}{2}\right)$$

$$= \left(\frac{1}{2}\right)^n \sin\angle A.$$

从而有

$$\prod_{k=0}^{n}\sin\left(\frac{\angle A_k}{2}\right) = \frac{\sin\angle A}{2^{n+1}\cos\left(\frac{\angle A_n}{2}\right)}.$$

所以, 我们有

$$4^{n+1}K_{n+1} = K_0 \frac{\sin\angle A\sin\angle B\sin\angle C}{\cos\left(\frac{\angle A_n}{2}\right)\cos\left(\frac{\angle B_n}{2}\right)\cos\left(\frac{\angle C_n}{2}\right)}.$$

令 $n\to\infty$, 注意到此时 $A_n, B_n, C_n \to 60°$, 便得出

$$\lim_{n\to\infty}4^{n+1}K_{n+1} = K_0 \frac{\sin\angle A\sin\angle B\sin\angle C}{(\cos 30°)^3},$$

也就是

$$\lim_{n\to\infty}4^n K_n = \frac{8}{9}\sqrt{3}K_0\sin\angle A\sin\angle B\sin\angle C.$$

此式表明, K_n 趋于零的速度, 相当于 $\frac{1}{4^n}$ 趋向于零的速度.

17 重 心 坐 标

定义了复数的平面称"复平面". 在复平面中,字母 A, B, C, P, … 等既是符号又可以代表复数,两全其美. 也有作者把小写的英文字母 a, b, c, p, … 表示复数,而大写字母纯粹是符号. 两种记法都没有混淆之处. 这节我们用第一种.

在复平面上,给定了一个三角形 ABC,还给定了一点 P. 用直线段把 A 与 P 联结起来,延长 AP 交 BC 于 P'(图 17-1). 因为 P' 在 BC 上,我们有等式

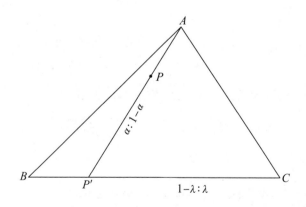

图 17-1

$$P' = (1-\lambda)B + \lambda C, \quad 0 \leqslant \lambda \leqslant 1, \tag{1}$$

其中 λ 是边长 BP' 对于边长 BC 的比值.

类似地

$$P = (1 - \mu)A + \mu P', \quad 0 \leqslant \mu \leqslant 1. \tag{2}$$

将式(1)代入式(2),我们有

$$P = (1 - \mu)A + (1 - \lambda)\mu B + \lambda \mu C. \tag{3}$$

令

$$\alpha = 1 - \mu, \quad \beta = (1 - \lambda)\mu, \quad \gamma = \lambda \mu,$$

方程(3)变成

$$P = \alpha A + \beta B + \gamma C, \tag{4}$$

其中 α, β 和 γ 是非负的实数,满足

$$\alpha + \beta + \gamma = 1. \tag{5}$$

这三个实数称为点 P 的坐标三角形 ABC 的**重心坐标**. 写成 $P = (\alpha, \beta, \gamma)$.

我们指出,实数 α 能够表成一些三角形的面积,实际上,面积 $[PBC]$ 与面积 $[ABC]$ 之比就是 α. 也就是

$$\alpha = \frac{[PBC]}{[ABC]}, \quad \beta = \frac{[APC]}{[ABC]}, \quad \gamma = \frac{[ABP]}{[ABC]}. \tag{6}$$

三个顶点 A, B, C 的重心坐标分别是

$$A = (1, 0, 0), \quad B = (0, 1, 0), \quad C = (0, 0, 1).$$

设 P_1, P_2, P_3 是复平面的点,它们的重心坐标是

$$P_1 = (\alpha_1, \beta_1, \gamma_1),$$
$$P_2 = (\alpha_2, \beta_2, \gamma_2),$$
$$P_3 = (\alpha_3, \beta_3, \gamma_3).$$

不难证明

$$[P_1 P_2 P_3] = \begin{vmatrix} \alpha_1 & \beta_1 & \gamma_1 \\ \alpha_2 & \beta_2 & \gamma_2 \\ \alpha_3 & \beta_3 & \gamma_3 \end{vmatrix} [ABC]. \tag{7}$$

式(7)右边代表三阶行列式.式(7)是一个有用的公式.

　　本节与上节一样,想要定出不同的三角形套的极限的速度.
P. J. Davis(戴维斯)是美国应用数学家,曾任布朗大学应用数学系教授,很有名望.

　　戴维斯教授写过一本书,叫做《Circulant Matrices》(1979年),其中有一个习题,姑且叫做"戴维斯定理":

　　戴 维 斯 定 理　　给定的三角形 ABC 内有一点 P,令 $A_1B_1C_1, A_2B_2C_2, \cdots$ 在图 17-2 确定的三角形套内.证明:当 $n \to \infty$ 时 $4^n[A_nB_nC_n]$ 趋向非零的常数,并且定出它的极限.

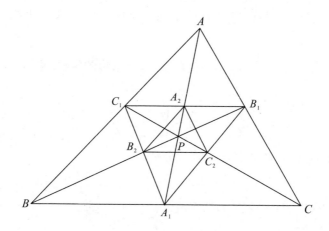

图 17-2

　　证明　　令三角形 ABC 为坐标三角形,建立重心坐标系统.置 $P = (\alpha, \beta, \gamma)$,点 P 的重心坐标为 α, β, γ.

　　我们有

$$A_1 = \left(0, \frac{\beta}{1-\alpha}, \frac{\gamma}{1-\alpha}\right),$$

$$B_1 = \left(\frac{\alpha}{1-\beta}, 0, \frac{\gamma}{1-\beta} \right),$$

$$C_1 = \left(\frac{\alpha}{1-\gamma}, \frac{\beta}{1-\gamma}, 0 \right),$$

根据式(7),得到

$$[A_1 B_1 C_1] = \frac{2\alpha\beta\gamma}{(1-\alpha)(1-\beta)(1-\gamma)}[ABC]. \tag{8}$$

现在我们计算 P 对于三角形 $A_1 B_1 C_1$ 的重心坐标.这些重心坐标是$(\alpha_1, \beta_1, \gamma_1)$.由式(7),得到

$$[PB_1 C_1] = \frac{1}{(1-\beta)(1-\gamma)} \begin{vmatrix} \alpha & \beta & \gamma \\ \alpha & 0 & \gamma \\ \alpha & \beta & 0 \end{vmatrix} [ABC]$$

$$= \frac{\alpha\beta\gamma}{(1-\beta)(1-\gamma)}[ABC],$$

并且

$$[A_1 B_1 C_1] = \frac{1}{(1-\alpha)(1-\beta)(1-\gamma)} \begin{vmatrix} 0 & \beta & \gamma \\ \alpha & 0 & \gamma \\ \alpha & \beta & 0 \end{vmatrix} [ABC]$$

$$= \frac{2\alpha\beta\gamma}{(1-\alpha)(1-\beta)(1-\gamma)}[ABC].$$

因此

$$\alpha_1 = \frac{[PB_1 C_1]}{[A_1 B_1 C_1]} = \frac{1-\alpha}{2}.$$

对称地

$$\beta_1 = \frac{1-\beta}{2}, \quad \gamma_1 = \frac{1-\gamma}{2}.$$

反复应用式(8),我们得到

$$\alpha\beta\gamma\left[ABC\right]=4^n\alpha_n\beta_n\gamma_n\left[A_nB_nC_n\right]. \tag{9}$$

为了计算极限 α_n,我们注意到等式

$$\alpha_{i+1}-\frac{1}{3}=-\frac{1}{2}\left(\alpha_i-\frac{1}{3}\right),$$

极限值是 $\lim\limits_{n\to\infty}\alpha_n=\frac{1}{3}$.类似地

$$\lim_{n\to\infty}\alpha_n=\lim_{n\to\infty}\beta_n=\lim_{n\to\infty}\gamma_n=\frac{1}{3}.$$

最后得到

$$\lim_{n\to\infty}4^n\left[A_nB_nC_n\right]=27\alpha\beta\gamma\left[ABC\right],$$

符号 $[ABC]$ 表示三角形的面积,而 (α,β,γ) 是三角形的重心坐标.**证毕**.

　　这里,笔者回忆和戴维斯教授相处的情景,充满着愉悦. 1982 年元旦那一天,我离开犹他大学数学系来到罗德岛的布朗大学应用数学系,当戴维斯的访问学者,他的办公楼是一个古典建筑,只有三层,他在上楼.1 月 1 日他在他的办公室接待了我.他要我与他合用一个办公室,因为他的办公室实在太大了.我的访问历时 7 个月,我与他朝夕相处,那时,他讲两门研究生课程,分别是"应用函数逼近论"和"高等矩阵论".他是很好的教师,无论是在美国还是在中国,都当之无愧,他讲课不紧不慢,谈笑风生.我旁听他的两门课,堂堂必到.7 个月的时间,从他那里学到的东西,非常丰富.

　　戴维斯认识很多的知名数学家,纽曼(B. H. Neumann, 1909—2002)教授就是其中一个.纽曼教授是英国人,但出生在德国柏林,后来到澳大利亚国立大学教书.戴维斯和纽曼来往密切.我写过一篇关于"道格拉斯-纽曼定理"的论文,当时不知道

有没有杂志为我刊登,当然,我也不认识纽曼.还是戴维斯的推荐,把我的论文寄给纽曼,那时纽曼担任美国《休斯顿数学杂志》的编委.我的文章很快地发表了,这与纽曼教授不无关系.关于道格拉斯—纽曼定理,在本书第 19 节将有详细的表述.

18　拿破仑定理

本书作者不知道拿破仑(Napoleon)曾经发明过一个很漂亮的定理.按照西方的几本书籍,我们也叫它拿破仑定理.

设 ABC 是任意给定的三角形.在每一条边 AB,BC,CA 向外各作等腰三角形 ABC',BCA',CAB',其中顶角 C',A',B' 都是 $120°$.我们证明,$A'B'C'$ 为一等边三角形.

如果"向外"改成"向内",其他的表述不变,可以证明:$A'B'C'$ 也是一个等边三角形.

从任意给定的三角形 ABC 中,经过一系列的操作,最后得一个等边三角形 $A'B'C'$,叫做拿破仑三角形.

定理 1　向外或向内的拿破仑三角形是等边三角形.

(拿破仑定理的证法有很多种,我们采用复数证法,优点是不连辅助线,计算直截了当;缺点是几何味道不浓.可参阅本书 12 节.)

证明　设 A,B,C,A',B',C' 是平面上 6 个点,它们的复数表示分别是 a,b,c 以及 a',b',c'(图 18-1).

在等腰三角形 ABC' 中,有复数表示

$$\frac{a-c'}{b-c'} = u^2,$$

这里 $u = \mathrm{e}^{\mathrm{i}\pi/3}$,解出 c',我们得到

$$a'(1 - u^2) = b - cu^2,$$

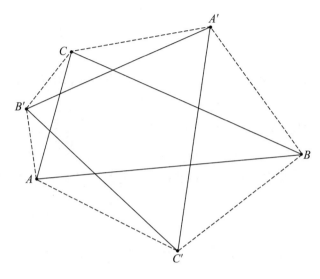

图 18-1

循环地,有

$$b'(1 - u^2) = c - au^2,$$

$$c'(1 - u^2) = a - bu^2.$$

因为有复数等式 $u^2 = u - 1$,得出

$$\frac{c' - a'}{b' - a'} = \frac{a - bu^2 - (b - cu^2)}{c - au^2 - (b - cu^2)}$$

$$= \frac{a - bu + cu - c}{a - au + cu - b}$$

$$= \frac{u(a - bu + cu - c)}{au - au^2 + cu^2 - bu}$$

$$= u \frac{(a - bu + cu - c)}{(a - bu + cu - c)} = u,$$

也就是说,$c' - a' = (b' - a') e^{i\pi/3}$,这正说明 ABC 是等边三

角形.

改成"向内",也可以得出一个等边三角形来. **证毕**.

在上述证明过程中,我们用复数等式马上推出公式

$$a' + b' + c' = a + b + c$$

三角形 ABC 的重心与它的拿破仑三角形($A'B'C'$)的重心重合.

更加巧妙的是,我们有如下定理:

定理 2　设任意给定的三角形 ABC,它们的外拿破仑三角形的面积与内拿破仑三角形的面积之差等于三角形 ABC 的面积.

现在,我们不用复数,只用到余弦定理.

设 ABC 是任意三角形,$AB = c$,$BC = a$,$CA = b$ 代表三角形的边长,我们有

$$A'B = \frac{a}{\sqrt{3}}, \quad BC' = \frac{C}{\sqrt{3}},$$

这是因为在三角形 $A'BC$ 和 ABC' 中利用正弦定理. 于是,由余弦定理,我们有

$$(C'A')^2 = (A'B)^2 + (BC')^2 - 2(A'B)(BC')\cos\left(B + \frac{\pi}{3}\right)$$

$$= \frac{a^2 + c^2}{3} - \frac{2}{3}ac\left(\cos B\cos\left(\frac{\pi}{3}\right) - \sin B\sin\left(\frac{\pi}{3}\right)\right)$$

$$= \frac{a^2 + c^2}{3} - \frac{ac}{3}\cos B + \frac{\sqrt{3}}{3}ac\sin B.$$

因为

$$ac\cos B = \frac{1}{2}(a^2 + c^2 - b^2),$$

$$ac\sin B = 2K,$$

这里 K 表示三角形 ABC 的面积,我们得到

$$(C'A')^2 = \frac{1}{6}(a^2 + b^2 + c^2) + \frac{2\sqrt{3}}{3}K. \tag{1}$$

这个等式的右边,对于 a,b,c 来说是不变量,于是可以得出 $C'A' = A'B' = B'C'$,又一次地得到 $A'B'C'$ 是等边三角形.

对于内拿破仑三角形 $A''B''C''$,我们有类似的定理

$$(C''A'')^2 = \frac{1}{6}(a^2 + b^2 + c^2) - \frac{2\sqrt{3}}{3}K. \tag{2}$$

把式(1)与式(2)加起来,我们得到如下的结论:三角形 ABC 的边长平方之和等于内、外拿破仑三角形平方之和.

最后,外拿破仑三角形面积是

$$\frac{\sqrt{3}}{24}(a^2 + b^2 + c^2 + 4\sqrt{3}K),$$

而内拿破仑三角形的面积是

$$\frac{\sqrt{3}}{24}(a^2 + b^2 + c^2 - 4\sqrt{3}K),$$

两个面积之差等于 K,即三角形 ABC 的面积.

在下一节,我们要讨论道格拉斯-纽曼定理,它是拿破仑定理更深层次的推广.

19 道格拉斯–纽曼定理

读过第 18 节中的拿破仑定理之后，大家自然会想到，能不能把这一定理推广到多边形，即能不能构造出一种带有磨光性质的变换，它能够把任意的多边形逐步地变成一个正多边形？直观上很容易接受这种观念：正多边形在所有多边形的集合中，是最"光"的.

这一猜想是正确的，而且已经有人证明了这一猜想. 这一结果的出现，还是近代的事情，在 1940 年前后，由道格拉斯（J. Douglas）和纽曼（B. H. Neumann）彼此独立地证得. 纽曼当时是澳大利亚国立大学的退休教授. 1988 年 7 月 9 日晚间，在悉尼的基督教女青年会为欢迎前来参加第 29 届国际数学奥林匹克竞赛的各国领队的宴会上，作者曾见到过他，当时他已 80 高龄，但身体非常健康，还经常往来于世界各地.

本节专门介绍这一定理，首先必须介绍若干基本的定义. 在处理这一问题的时候，使用复数最为方便.

在复平面上任意给定 n 个点 $z_1, z_2, \cdots, z_n$，对这些点并不施加任何限制，例如，其中有些点是可以重合的，也不要求其中任何三个不同的点一定不共线. 从 z_1 联一直线到 z_2，记为 $z_1 z_2$，这是一个矢量；再联 $z_2 z_3, z_3 z_4, \cdots$，最后联 $z_n z_1$，得到一个 n 边形，记为 $(z_1, z_2, \cdots, z_n)$，其中 $z_1, z_2, \cdots, z_n$ 叫做这个 n 边形的**顶点**；而上述 n 个矢量，叫做这个 n 边形的**边**.

这种多边形,不仅仅是一个几何图形,而且在它的边界上有着一个确定的绕行方向,因此$(z_1,z_2,\cdots,z_n)$称为一个**定向 n 边形**.由此可见,n 边形$(z_n,z_{n-1},\cdots,z_2,z_1)$虽然与前者的几何图形相同,但是却有着相反的定向.

在上述这种定义之下,将点 $z_1,z_2,\cdots,z_n$ 的次序作一个循环置换所得出的多边形,应当看做是同一个多边形,即

$$(z_1,z_2,\cdots,z_n)=(z_2,z_3,\cdots,z_n,z_1)$$
$$=(z_n,z_1,z_2,\cdots,z_{n-1}).$$

多边形$(z_1,z_2,\cdots,z_n)$叫做一个**正多边形**,是指它满足下列条件:

（ⅰ）$|z_1-z_2|=|z_2-z_3|=\cdots=|z_{n-1}-z_n|=|z_n-z_1|$;

（ⅱ）$\arg\left(\dfrac{z_2-z_1}{z_3-z_2}\right)=\arg\left(\dfrac{z_3-z_2}{z_4-z_3}\right)$

$$=\cdots$$

$$=\arg\left(\dfrac{z_n-z_{n-1}}{z_1-z_n}\right)$$

$$=\arg\left(\dfrac{z_1-z_n}{z_2-z_1}\right).$$

条件（ⅰ）表明,这个多边形的每一条边有相等的长度.在条件（ⅱ）中,arg 是复数"辐角"的符号.这一批等式表示的是:对两个相邻的边而言,后一边转到前一边的"有向角"也是相等的.由于多边形有确定的定向,因此所谓相邻两边的"前"与"后",意义也是明确的.

当 $z_1=z_2=\cdots=z_n$ 时,$(z_1,z_2,\cdots,z_n)$变成了一个点,可以看成是一个退化了的正 n 边形,但此时已没有定向可言.

这里定义的正 n 边形,要比通常中学几何课本中的正 n 边

形的概念广泛,请看下列两个例子.

例1　设 $\omega = \mathrm{e}^{\mathrm{i}\frac{2\pi}{5}} = \cos\dfrac{2\pi}{5} + \mathrm{i}\sin\dfrac{2\pi}{5}$,于是

$$\pi_1 = (1, \omega, \omega^2, \omega^3, \omega^4),$$
$$\pi_2 = (1, \omega^2, \omega^4, \omega^6, \omega^8),$$
$$\pi_3 = (1, \omega^3, \omega^6, \omega^9, \omega^{12}),$$
$$\pi_4 = (1, \omega^4, \omega^8, \omega^{12}, \omega^{16})$$

都是正五边形,π_1 是内接于单位圆的凸五边形,这与通常的正五边形是一致的.但多了一个定向,它是按照逆时针方向绕行的.

由于 $\omega^5 = \mathrm{e}^{\mathrm{i}2\pi} = 1$,故 π_4 又可以表为

$$\pi_4 = (1, \omega^4, \omega^3, \omega^2, \omega),$$

由图 19-1 可知,π_4 与 π_1 代表着相同的几何图形,但有相反的定向.π_4 的边界是按照顺时针方向绕行的.

同样,π_2 可以表为 $\pi_2 = (1, \omega^2, \omega^4, \omega, \omega^3)$,所以它代表全部顶点在单位圆上的一个五角星形(图 19-1).而 $\pi_3 =$

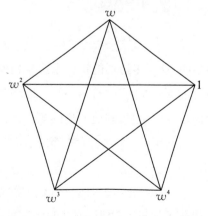

图 19-1

$(1, \omega^3, \omega, \omega^4, \omega^2)$,所以它与 π_2 代表同一个五角星形,但是具有相反的定向.

下面这个例子也许能更好地说明我们关于正 n 边形的定义的广泛性.

例 2 令 $\omega = e^{i\frac{2\pi}{6}}$,则

$$\pi_1 = (1, \omega, \omega^2, \omega^3, \omega^4, \omega^5),$$
$$\pi_2 = (1, \omega^2, \omega^4, \omega^6, \omega^8, \omega^{10}),$$
$$\pi_3 = (1, \omega^3, \omega^6, \omega^9, \omega^{12}, \omega^{15}),$$
$$\pi_4 = (1, \omega^4, \omega^8, \omega^{12}, \omega^{16}, \omega^{20}),$$
$$\pi_5 = (1, \omega^5, \omega^{10}, \omega^{15}, \omega^{20}, \omega^{25})$$

都是正六边形.因为 $\omega^6 = 1$,所以 π_5 又能表成

$$\pi_5 = (1, \omega^5, \omega^4, \omega^3, \omega^2, \omega).$$

由此可知 π_1 与 π_5 的图形与我们通常所指的正六边形没有两样,但它们是定向的,有着相反的定向(图 19-2).实际上,$\pi_2 = (1, \omega^2, \omega^4, 1, \omega^2, \omega^4)$,对照图 19-2 来看,它是按逆时针方向在同一个等边三角形上描画两次,依我们这里的定义仍算是一个正六边形;由于 $\pi_4 = (1, \omega^4, \omega^2, 1, \omega^4, \omega^2)$,可见它与 π_2 有相反的定向.

最后讨论 π_3,很明显,$\pi_3 = (1, \omega^3, 1, \omega^3, 1, \omega^3)$,由于 $\omega^3 = e^{i\pi} = -1$,故 $\pi_3 = (1, -1, 1, -1, 1, -1)$,可见 π_3 从 1 开始到 -1 这一段直线之间,往返三次,六次描画着这一线段.按这里关于正多边形的定义,这是货真价实的正六边形,但在通常的平面几何书中,它无论如何是不能被当做正六边形来对待的.

现在,考察任意给定的 n 边形 $(z_1, z_2, \cdots, z_n)$,除它之外,还考察一个以 $0, 1, c$ 为顶点的固定三角形 $\triangle 01c$,这里 c 是一个复数(图 19-3).在上述多边形的每一条边上,都作一个同

$\triangle 01c$ 相似的三角形. 举例来说, 在边 $z_1 z_2$ 上, 作 $\triangle z_1 z_2 z_1{}'$ 使得 $\triangle z_1 z_2 z_1{}' \backsim \triangle 01c$. 这时, z_1 应当满足条件

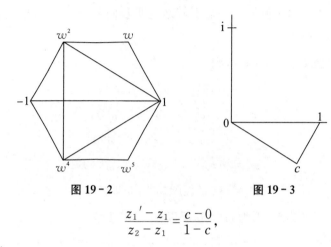

图 19 - 2　　　　　　　　图 19 - 3

$$\frac{z_1{}' - z_1}{z_2 - z_1} = \frac{c - 0}{1 - c},$$

即

$$z_1{}' = z_1 + c(z_2 - z_1) = (1 - c)z_1 + cz_2, \tag{1}$$

利用在第 8 节中引入的恒等算子和移位算子, 式(1)可以表示为

$$z_1{}' = ((1 - c)I + cE)z_1.$$

类似地, 对于其他的 $n - 1$ 条边, 我们有

$$z_2{}' = ((1 - c)I + cE)z_2,$$

$$\cdots,$$

$$z_n{}' = ((1 - c)I + cE)z_n.$$

由此得到的 $z_1{}', z_2{}', \cdots, z_n{}'$ 称为**自由顶点**. 用这些自由顶点, 又可以构造一个 n 边形 $(z_1{}', z_2{}', \cdots, z_n{}')$, 如图 19 - 4 所示.

　　当然, 对于这个新的多边形, 又可以进行同样的操作, 再得出一批新的自由顶点, 以形成又一个 n 边形. 同样的操作可以一次又一次地反复进行下去.

　　我们把这种操作共进行 $n - 1$ 次, 但每一次所用到的那个

固定的三角形可以互不相同.也就是说,每一次所用到的那个复数 c 取不同的复数.设第一次用到的复数为 c_1,那么前边的公式可以写为

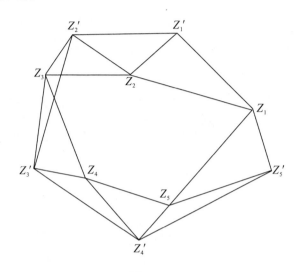

图 19 - 4

$$z_j' = ((1 - c_1)I + c_1 E)z_j, \quad j = 1, 2, \cdots, n.$$

当用 c_2 这个复数进行第二次操作的时候,得到的自由顶点记为 $z_1'', z_2'', \cdots, z_n''$,那么按照前一公式,有

$$z_j'' = ((1 - c_2)I + c_2 E)z_j', \quad j = 1, 2, \cdots, n.$$

将前一式代入后一式的右边,得到

$$z_j'' = ((1 - c_2)I + c_2 E)((1 - c_1)I + c_1 E)z_j, \quad j = 1, 2, \cdots, n.$$

进行第 $n-1$ 次操作之后,所得自由顶点记为 $z_1^{(n-1)}, z_2^{(n-1)}, \cdots, z_n^{(n-1)}$,由以上推理得到

$$z_j^{(n-1)} = ((1 - c_{n-1})I + c_{n-1}E)\cdots((1 - c_2)I + c_2 E)$$
$$\times ((1 - c_1)I + c_1 E)z_j,$$

这里 $j = 1, 2, \cdots, n$. 这一公式, 表达了最后的一批自由顶点同原始多边形的顶点的关系.

因此, 关键问题是, 如何把算子的乘积

$$((1 - c_{n-1}) I + c_{n-1} E) \cdots ((1 - c_2) I + c_2 E)((1 - c_1) I + c_1 E)$$

展开? 自然, 展开之后, 是算子 E 的 $n - 1$ 次多项式

$$d_0 I + d_1 E + d_2 E^2 + \cdots + d_{n-1} E^{n-1},$$

其中系数 $d_0, d_1, \cdots, d_{n-1}$ 是与 $c_1, c_2, \cdots, c_{n-1}$ 有关的复数. 它们实际上也是 t 的多项式

$$((1 - c_1) + c_1 t)((1 - c_2) + c_2 t) \cdots ((1 - c_{n-1}) + c_{n-1} t)$$

按 t 的升幂展开后的系数, 令 $u_j = \dfrac{1 - c_j}{c_j}, j = 1, 2, \cdots, n - 1$, 上式便可写为

$$c_1 c_2 \cdots c_{n-1} (u_1 + t)(u_2 + t) \cdots (u_{n-1} + t).$$

下面, 来适当选择 $c_1, c_2, \cdots, c_{n-1}$ 以便使得 $d_0 = d_1 = \cdots = d_{n-1}$.

事实上, 多项式 $t^n - 1$ 可以分解为 n 个一次因子的乘积

$$t^n - 1 = (t - 1)(t - \omega)(t - \omega^2) \cdots (t - \omega^{n-1}),$$

这里 $\omega = e^{i \frac{2\pi}{n}}$, 由此得出恒等式

$$1 + t + t^2 + \cdots + t^{n-1} = (t - \omega)(t - \omega^2) \cdots (t - \omega^{n-1}).$$

由此可见, 如果令

$$u_j = -\omega^j, \quad j = 1, 2, \cdots, n - 1,$$

那么便有

$$d_0 = d_1 = \cdots = d_{n-1} = c_1 c_2 \cdots c_{n-1}.$$

由于

$$c_j = \frac{1}{1 + u_j} = \frac{1}{1 - \omega_j}, \quad j = 1, 2, \cdots, n - 1,$$

所以

$$c_1 c_2 \cdots c_{n-1} = \frac{1}{(1-\omega)(1-\omega^2)\cdots(1-\omega^{n-1})}$$
$$= \frac{1}{(1+t+t^2+\cdots+t^{n-1})|_{t=1}} = \frac{1}{n}.$$

在这种选择之下，$d_0 = d_1 = \cdots = d_{n-1} = \dfrac{1}{n}$，于是

$$z_j^{(n-1)} = \frac{1}{n}(1+E+E^2+\cdots+E^{n-1})z_j, \quad j=1,2,\cdots,n.$$

也就是说

$$z_j^{(n-1)} = \frac{1}{n}(z_j + Ez_j + E^2 z_j + \cdots + E^{n-1} z_j)$$
$$= \frac{1}{n}(z_j + z_{j+1} + z_{j+2} + \cdots + z_{j+n-1}).$$

由于我们作图的方法，这些点的下标应当是以 n 为周期的，即 $z_{n+1} = z_1, z_{n+2} = z_2, \cdots, z_{j+n-1} = z_{j-1}$，所以

$$z_j^{(n-1)} = \frac{1}{n}(z_1 + z_2 + \cdots + z_n), \quad j=1,2,\cdots,n.$$

注意，上式的右边与 j 无关，是一个固定的点. 这表明，用如上的办法选择 $c_1, c_2, \cdots, c_{n-1}$，连续作完 $n-1$ 次操作之后，所有的自由顶点全部重合了！

让我们看看 $\triangle 01c_j$ 是怎样的一种三角形. 由于

$$\frac{|1-c_j|}{|c_j|} = \left|\frac{1-c_j}{c_j}\right| = |u_j| = |-\omega^j| = 1,$$

故

$$|c_j| = |1-c_j|,$$

此式表明 c_j 到原点的距离与它到 1 的距离相等，因此 $\triangle 01c_j, j=1,2,\cdots,n-1$ 都是等腰三角形. 它的顶角等于多少？由图 19-3可知，应是边 $c_j 0$ 转到边 $c_j 1$ 所扫过的角，也就是

$$\arg\left(\frac{1-c_j}{0-c_j}\right) = \arg\left(-\frac{1-c_j}{c_j}\right)$$

$$= \arg(-u_j)$$

$$= \arg(\omega^j)$$

$$= \arg(e^{i\frac{2j\pi}{n}})$$

$$= \frac{2j\pi}{n}, \quad j = 1, 2, \cdots, n-1.$$

让我们把上述的作图过程重复一遍,因为现在我们可以讲得更加具体了. 令 $\pi_0 = (z_1, z_2, \cdots, z_n)$ 是一个任意给定的 n 边形,以 π_0 的每一边为底边,各作一个顶角为 $\frac{2\pi}{n}$ 的等腰三角形,n 个自由顶点形成一个 n 边形 π_1;又以 π_1 的每一边为底边,各作一个顶角为 $\frac{4\pi}{n}$ 的等腰三角形,n 个自由顶点又形成一个 n 边形 $\pi_2 \cdots\cdots$重复这样的操作直至获得 n 边形 π_{n-2}. 以 π_{n-2} 的每一条边为底,各作一个顶角为 $\frac{2(n-1)\pi}{n}$ 的等腰三角形,自由顶点就会重合于一点,即 π_0 的诸顶点的重心 $\frac{z_1 + z_2 + \cdots + z_n}{n}$.

操作中应注意的是,当 $\frac{2p}{n}\pi > \pi$,即 $p > \frac{n}{2}$ 时,就应当以各边为底朝另外一侧作顶角为 $\frac{2(n-p)}{n}\pi$ 的等腰三角形. 这是因为当 $\frac{2p}{n}\pi > \pi$ 时,已不能形成一个三角形,这时应当取 $2\pi - \frac{2p}{n}\pi = \frac{2(n-p)}{n}\pi$ 来作顶角.

如果我们中止于 π_{n-2},会发现什么事实呢? 我们断言 π_{n-2} 必须为一个正多边形. 为什么呢? 考察 π_{n-2} 相邻的两边,第一,这两边的夹角等于某一个等腰三角形的底角的两倍;第二,以这两边作底,作出的具有相等底角的两个等腰三角形具有相同的自由顶点,这说明这两个等腰三角形全等,因此这相邻的两边具有相等的长度.这两条说明,对 π_{n-2} 来说,它的各边相等,而且各顶角也相等,故 π_{n-2} 必须是一个正 n 边形了.

总的来说,从任意一个 n 边形 $(z_1,z_2,\cdots,z_n)$ 出发,按上述操作进行 $n-2$ 次,将得出一个正 n 边形,这就是所谓的**道格拉斯-纽曼定理**.

事实上,在前面所说的 $n-1$ 步操作中,只需去掉一步,而且每一步中所用的顶角的数值,不必是从小到大的顺序,而是可以互相交换,最后得出的总是正 n 边形.

把道格拉斯-纽曼定理特殊化,便可得出丰富多彩的平面几何定理.

例3 以 $n=3$ 为例.这时 $n-2=1$,就是说,从任意给定的三角形出发,以它的各边为底,只要取顶角为

$$(1)\ \frac{2\pi}{3}; \qquad (2)\ \frac{4\pi}{3}$$

中之一,各作一个等腰三角形,其自由顶点便会形成一个等边三角形.在(1)的情形下,顶角为 $120°$,得到的正好是外拿破仑三角形;在(2)的情形下,由于 $\frac{4\pi}{3}>\pi$,所以应当改为向内作顶角为 $2\pi-\frac{4\pi}{3}=\frac{2\pi}{3}$ 的等腰三角形,这时便得到内拿破仑三角形.可见道格拉斯-纽曼定理是拿破仑定理的推广.

例4 讨论 $n=4$,从任一个四边形出发,经过 $n-2=2$ 步操作后便可得出一个正方形,达到"磨光"的目的.

这时顶角可取之值为 $\frac{2j\pi}{4}=\frac{j\pi}{2}$,$j=1,2,3$,即顶角有三种可能的选择:

$$(1)\ \frac{\pi}{2}; \quad (2)\ \pi;$$

(3) $\dfrac{3\pi}{2}$（相当于向另一侧作顶角为 $\dfrac{\pi}{2}$ 的等腰直角三角形）.

由此可知有以下六种情况发生.

① $\dfrac{\pi}{2}$, π. 定理告诉我们：(i) 先在任意的四边形的各边上各向外作一个等腰直角三角形，把四个自由顶点联结起来，得到一个四边形；(ii) 然后在这个四边形的各边上取中点（相当于顶角为"180°"的"等腰三角形"的自由顶点），这样便得出一个正方形，如图 19 - 5 所示.

② 把第①种情况中的两个步骤颠倒过来，变为 π, $\dfrac{\pi}{2}$:
(i) 先取各边的中点，联成一个四边形；(ii) 然后在各边上，向外作一个等腰直角三角形，也可得出一个正方形，如图 19 - 6 所示.

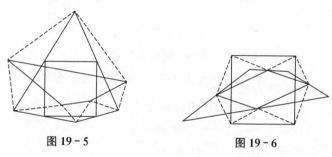

图 19 - 5　　　　　　　　　　图 19 - 6

③ π, $\dfrac{3}{2}\pi$. 只需把第②种情况里的第二个步骤中"向外作一个等腰直角三角形"改为"向内作一个等腰直角三角形"，仍可得出一个正方形.

④ $\dfrac{3}{2}\pi$, π. 只需把第①种情况中的第一个步骤改为"向内"作一个顶角为 90° 的等腰三角形，再取自由顶点联线的中点仍可得出一个正方形来.

⑤ $\frac{\pi}{2}$, $\frac{3\pi}{2}$. 这时道格拉斯-纽曼定理是说,从任意的四边形出发,以各边为底向外各作一个等腰直角三角形,把四个自由顶点联起来成一新的四边形,然后以这四边形的每一边为底边,各向内作一个等腰直角三角形,这时四个自由顶点便形成一个正方形.

⑥ $\frac{3}{2}\pi$, $\frac{\pi}{2}$. 只需把第⑤情况中"内"与"外"两个字调换一下位置就行了.

对于任意的五边形,总可以通过三次变换而达到磨光的目的. 在这种情况下,可以得到 $(5-1)! = 4! = 24$ 个不同的几何定理,当然不能在此一一列举了. 如果读者有时间又有耐心,不妨去试一试,画一画,即使不能画出全部情形,画出四五种情形,对于理解道格拉斯-纽曼定理也是十分有好处的.

最后,我们说一下这一变换的不变量. 因为

$$\sum_{j=1}^{n} z_j' = \sum_{j=1}^{n} ((1 - c_1) z_j + c_1 z_{j+1})$$

$$= (1 - c_1) \sum_{j=1}^{n} z_j + c_1 \sum_{j=1}^{n} z_j$$

$$= \sum_{j=1}^{n} z_j,$$

这就说明:在每一次变换之后,多边形的重心保持不变. 所以说,多边形的重心是一个不变量.

20 等 周 商

设 F 为平面上的一个几何图形,定义

$$IQ(F) = \frac{F \text{ 的面积}}{(F \text{ 的周长})^2}. \tag{1}$$

式(1)中确定的正数 $IQ(F)$,我们称之为图形 F 的**等周商**.

设 F 是平面上的任何一个圆,不妨设其半径为 r,依式
(1)有

$$IQ(F) = \frac{\pi r^2}{(2\pi r)^2} = \frac{1}{4\pi},$$

这是一个常数,与圆的大小无关.再设 F 是一个等边三角形,不
妨设其边长为 a,这时等周商等于

$$IQ(F) = \frac{a^2 \sin 60°}{(3a)^2} \cdot \frac{1}{2} = \frac{\sqrt{3}}{36},$$

这也是一个常数,与正三角形的大小没有关系.

设 F 为任一个三角形,边长设为 a,b,c.因此其周长为 $2s$
$= a + b + c$.又根据海伦公式,等周商可以表为

$$IQ(F) = \frac{\sqrt{s(s-a)(s-b)(s-c)}}{(2s)^2}$$

$$= \frac{1}{4}\sqrt{\left(1 - \frac{a}{s}\right)\left(1 - \frac{b}{s}\right)\left(1 - \frac{c}{s}\right)}.$$

由于 $1 - \dfrac{a}{s}, 1 - \dfrac{b}{s}, 1 - \dfrac{c}{s}$ 为三个正数,由几何平均-算术平均不
等式,我们有

$$\left(1-\frac{a}{s}\right)\left(1-\frac{b}{s}\right)\left(1-\frac{c}{s}\right)$$

$$\leqslant\left(\frac{1-\dfrac{a}{s}+1-\dfrac{b}{s}+1-\dfrac{c}{s}}{3}\right)^3$$

$$=\left(\frac{3-\dfrac{a+b+c}{s}}{3}\right)^3$$

$$=\frac{1}{27},$$

式中的等号当且仅当 $a=b=c$ 时成立. 因此

$$\mathrm{IQ}(F)\leqslant\frac{\sqrt{3}}{36},$$

式中等号当且仅当三角形为等边三角形时成立.

这说明:在一切三角形中以等边三角形的等周商为最大.

站在磨光变换的立场上反复琢磨以上的结果,加拿大的克雷姆金(M. S. Klamkin)教授提出了一个数学问题,后来,这一问题成了第 11 届美国数学竞赛的题目(1982). 它是这样叙述的:

定理　若 A_1 是等边 $\triangle ABC$ 内的一点,且点 A_2 又在 $\triangle A_1BC$ 之内,求证:

$$\mathrm{IQ}(\triangle A_1 BC)>\mathrm{IQ}(\triangle A_2 BC). \tag{2}$$

克雷姆金之所以相信这一不等式的正确性,是因为他知道对于等边三角形来说,等周商达到最大值;并且任何人都会觉察到,当然他更不会例外,$\triangle A_1 BC$ 比 $\triangle A_2 BC$ 更"光",也就是说,前者比后者更接近于一个等边三角形,应当具有较大的等周商.

为了图形简单,我们不画出等边 $\triangle ABC$,而只画出 $\triangle A_1 BC$ 及其内部的另一个 $\triangle A_2 BC$(图 20-1). 不妨设顶点 A_2 在边 $A_1 C$ 上,如果对这一特殊情形证得了

$$IQ(\triangle A_1BC) > IQ(\triangle A_2BC),$$

对一般的情况,延长 BA_2 与 A_1C 交于 A_3,这时一方面

$$IQ(\triangle A_1BC) > IQ(\triangle A_3BC);$$

另一方面,注意到 $\triangle A_2BC$ 在 $\triangle A_3BC$ 内部,并且 A_2 在边 BA_3 上,利用上述结果,又得

$$IQ(\triangle A_3BC) > IQ(\triangle A_2BC),$$

把以上两个不等式结合起来,便有

$$IQ(\triangle A_1BC) > IQ(\triangle A_2BC).$$

所以我们只需讨论 A_2 在边 A_1C 上(图 20-2).

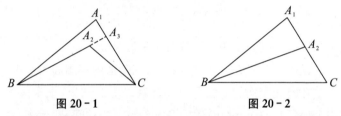

图 20-1　　　　　　　　　　图 20-2

定理的证明　三角形 $\triangle A_iBC$ 的面积记为 $\triangle_i$,半周长记为 S_i,内切圆的半径为 r_i,其中 $i = 1,2$. 我们有

$$\frac{\triangle_i}{S_i^2} = \frac{r_i}{S_i} = \frac{1}{S_i}\big((S_i - BC) + (S_i - A_iB) + (S_i - CA_i)\big)$$

$$= \cot\left(\frac{\angle CA_iB}{2}\right) + \cot\left(\frac{\angle A_iBC}{2}\right) + \cot\left(\frac{C}{2}\right),$$

我们应该证明

$$\cot\left(\frac{\angle CA_1B}{2}\right) + \cot\left(\frac{\angle A_1BC}{2}\right)$$

$$< \cot\left(\frac{\angle CA_2B}{2}\right) + \cot\left(\frac{\angle A_2BC}{2}\right). \tag{3}$$

引进角度

$$2\theta_1 = \angle CA_1B,$$
$$2\varphi_1 = \angle A_1BC,$$
$$2\theta_2 = \angle CA_2B,$$
$$2\varphi_2 = \angle A_2BC,$$

有等式

$$\theta_1 + \varphi_1 = \theta_2 + \varphi_2 = \frac{1}{2}(\pi - \angle C). \tag{4}$$

由于

$$\cot\theta_1 + \cot\varphi_1 = \frac{\sin(\theta_1+\varphi_1)}{\sin\theta_1\sin\varphi_1}.$$

式(3)变为 $\sin\theta_1\sin\varphi_1 > \sin\theta_2\sin\varphi_2$，利用积化和差的公式，应有

$$\cos\left(\frac{\theta_1+\varphi_1}{2}\right) - \cos\left(\frac{\theta_1-\varphi_1}{2}\right)$$
$$< \cos\left(\frac{\theta_2+\varphi_2}{2}\right) - \cos\left(\frac{\theta_2-\varphi_2}{2}\right),$$

因为

$$\cos\left(\frac{\theta_1+\varphi_1}{2}\right) = \cos\left(\frac{\theta_2+\varphi_2}{2}\right),$$

应有

$$\cos\left(\frac{\theta_2-\varphi_2}{2}\right) < \cos\left(\frac{\theta_1-\varphi_1}{2}\right).$$

由于 $\cos\theta$ 在 $(0,\pi)$ 中是递减的函数，上式不等式等价于 $\theta_1-\varphi_1 < \theta_2-\varphi_2$，又用等式(4)，我们应该证明：$\theta_1 < \theta_2$.

这个不等式是非常显然的! 我们证明了等周商的不等式
$$\text{IQ}(\triangle A_1BC) > \text{IQ}(\triangle A_2BC).$$

证毕.

在本题的解法中，由特殊到一般的思路是十分重要的，一定要细心领会.

　　一个在某种意义之下"最光滑"的几何图形,通常具有使某一个量取得最大或最小的性质,在下一节讨论的圆的等周问题,是既古老而又重要的一个几何定理,它反映的是圆的一种"极值性".

21 圆的等周性质

我们已经看到,在三角形范围内,等边三角形是最光的,并且在所有周长相等的三角形集合内,以正三角形的面积最大.在所有的 n 边形所成的集合中,正 n 边形是最光的图形.如果把范围扩大到平面上的所有封闭曲线,什么曲线是最光的呢? 直观告诉我们:圆是最光的封闭曲线,它是一个关于任何一条直径对称的图形,也是关于圆心对称的几何图形,圆周上的各点都有平等的几何地位,没有任何一点比其余各点有特殊之处.

我们已经看到,最光滑的元素往往具有某种极值性质.有这样一个很古老的问题,在具有相等的周长的平面封闭曲线中,求出那条包含有最大的面积的曲线,这个问题,古希腊人早已知道,并且还知道这个问题的答案——圆.对这一问题的研究,形成了数学中的一个分支,叫做"变分方法".瑞士数学家施泰纳(J. Steiner)对这个解答作过许多很美、很精巧的证明,证明了这一问题的解答必须是一个圆.下面,我们将概述他的一种证法.

首先说明,这个命题可以陈述为以下两种等价的形式:

命题 1   在所有周长相等的平面曲线中,圆包含的面积最大.

这一命题的对偶命题是:

命题 2   在所有面积相等的平面图形中,圆的周长最小.

我们说,这两个命题是彼此等价的.例如说,命题 1 的正确性可推出命题 2 的正确性.因为,如果命题 2 不正确,设圆 C 的面积为 A,我们可以找到一条不是圆的封闭曲线 L,包围的面积也为 A,但是,L 的周长比 C 的周长更小.这时我们总可作一个周长与 L 的周长相等的圆 C'.因为 L 的周长 $= C'$ 的周长,按命题 1,得知:C' 的面积 $>L$ 包围的面积 $= A =$ 圆 C 的面积,但是,C 的周长 $>L$ 的周长 $= C'$ 的周长.这表明:面积大的圆比面积小的圆有更小的周长,这是矛盾的.这就是说,命题 1 可以推出命题 2;同样,命题 2 也可以推出命题 1.

下面给出的证明,依赖着施泰纳的"对称化"原理,事实上,所谓的"对称化"就是一种磨光变换.

我们只需考虑凸图形的对称化.一个平面封闭曲线所围成的区域被称为凸图形或者凸区域,是指如果 P,Q 是这区域内的任何两点,那么直线段 PQ 上的所有点都属于这一区域.三角形、矩形、圆和椭圆,都是凸图形的最简单的例子.

现在来说说什么叫对称化.设 F 是一个平面凸图形.g 代表任一给定的直线,任何与 g 垂直的直线,或与 F 不相交,或交于一点,或交于一条直线段,这是因为 F 为凸图形的缘故.

设某一条与 g 垂直的直线与 F 交于 A 与 B 两点(A,B 可能是同一点).把 AB 沿所在直线移动,让它的中点正好在直线 g 上,取出线段 $A'B'$.对所有与 g 垂直而又与 F 相交的直线按上述办法处理,那么得到一个关于直线 g 为轴对称的图形 F',我们称 F' 是图形 F 关于方向 g 的"对称化"(图 21-1).很明显,对称化是一个把几何图形变为几何图形的变换.容易看出,对于一个 $\triangle ABC$,如果选择 g 是垂直于底边 BC 的直线,那么经对称化之后,得到一个同底等高的等腰三角形;对于一个梯形,如果选择 g 是垂直于上底与下底的直线,那么经对称化之后,得出一个有相同上底与下底及高的等腰梯形;对于一个圆,关于任何方向的对称化所得出的图形仍是大小相同的一个圆.

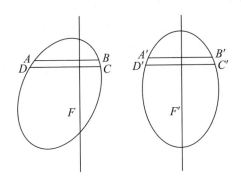

图 21 - 1

从上述定义和例子来看,对称化的确有磨光的作用,并且从三个特殊的例子看出,变换前后的几何图形有相等的面积.下面我们来证明,这不只是这三个例子具有的性质,而是一个普遍的性质,就是说,面积是"对称化"变换的不变量.

在 F 中,取两条非常靠近的直线段 AB 和 DC,被它们所截出 F 上那一小条面积,与梯形 ABCD 的面积十分近似,切得越薄,近似程度就越好,许许多多这种小条的面积相加起来,就是 F 的面积.对于 F' 来说,许许多多的梯形 A'B'C'D' 的面积累加起来,形成了它的面积的一个很好的近似值,由于梯形 ABCD 的面积等于对应的梯形 A'B'C'D' 的面积,可见 F 与 F' 有相等的面积.

现在再来看看在"对称化"之下,周长如何变化,为此,我们需要如下的引理.

引理　在具有相同上底与下底及高的一切梯形中,以等腰梯形的周长最小.

证明　由于上底与下底分别是相等的,因此引理的结论等价于"以等腰梯形的两腰之和为最小".

设 $ABCD$ 是任意一个梯形,有上底 AD、下底 BC.这时两腰为 AB 和 DC,又设 B 点关于上底 AD 的垂直平分线的镜像对称点为 B',线段 $B'C$ 的中点为 C_0(图 21-2).在 CB 的延长线上取点 B_0 使得 $BB_0 = CC_0$,这样便得出一个等腰梯形 AB_0C_0D,它与给定的那个梯形有相等的上底与下底及高,因此有着相等的面积.

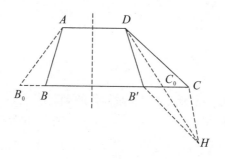

图 21-2

若我们把 DC_0 延长一倍达到 H,便得到一个平行四边形 $DCHB'$,其中,对角线 DH 比边 DC 与 CH 之和要短,即

$$DH < DC + CH,$$

但是

$$DH = 2DC_0 = DC_0 + AB_0$$

且

$$CH = DB' = AB,$$

由此得到

$$AB_0 + DC_0 < AB + DC.$$

这就是说,只有等腰梯形中两腰之和最短.**证毕**.

对照图 21-1,利用以上的引理可知

$$AD + BC \geqslant A'D' + B'C'.$$

由于 $AD + BC$ 是截出的 F 的边界上两小段很好的近似值,$A'D' + B'C'$ 对 F' 来说也有同样的意义,由上述不等式便可推知,F 的边界将不小于 F' 的边界. 这就是说:在"对称化"之下,周长是不会增加的,实际上,只要 F 不是关于方向 g 的对称图形,那么 F' 的周长会变小,我们不去严格证明了.

现在我们大致说明一下命题 2 证法的思路.

我们可以只局限于凸的图形,因为非凸的图形一定是不会符合要求的.设 G 是图 21-3 中的一个非凸图形,设 P 与 Q 是 G 的边界上的两点,但线段 PQ 不在 G 内,这时我们把 G 的边界上位于 P 与 Q 之间那段弧对着直线段翻折过去,组成一个新的图形 G',G' 与 G 有相等的周长,但是 G' 包围着更大的面积.可见 G 不符合命题 1 的要求,从而也不会符合命题 2 的要求.

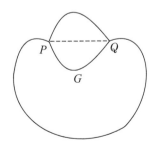

图 21-3

设 F 为一凸图形,如果存在有一个方向 g,使 F 没有平行于方向 g 的对称轴,那么关于方向 g 作施泰纳对称化之后,所得图形 F' 与 F 有相等面积,但 F' 有更小的周长.上面证明的结果是:如果一条封闭曲线不是圆,那么我们必可造出一个与其有相等面积的图形来,而这图形有更小的周长.

是不是由此可以立刻断言,圆是等周问题的解呢? 不行! 如果我们承认了这个问题解的"存在性",那么解答必然是圆了. 但是,这种存在性也是需要证明的.忽略了存在性问题,可以导致许多可笑的结论.例如,设正整数 $n > 1$,由 $n^2 > n$ 可以断言,n 不是最大的正整数.这就是说,凡比 1 大的正整数都不是正整数中的最大者.难道我们能说:1 是全体正整数中的最大者吗? 显然是不对的.问题在于,正整数中的最大者根本不存在!

所以说,以上谈到的远不是严格的证明,只是一种大致的思路,由于篇幅的限制,这里不可能写出严格的证明.读者如果有兴趣了解真正的证明,请阅读由苏步青教授翻译的、柏拉须凯编著的《圆与球》一书,该书由上海科学技术出版社出版 (1986 年).

圆的等周性质也可以用不等式的形式表示.设有一封闭曲线,周长为 L,所围成的面积记为 A.以 A 为面积的圆的半径是 $\sqrt{\dfrac{A}{\pi}}$.由等周性质有

$$L \geqslant 2\pi\sqrt{\frac{A}{\pi}} = 2\sqrt{\pi A},$$

或者说

$$L^2 \geqslant 4\pi A.$$

我们写成如下的定理:设封闭曲线的周长为 L,包围的面积为 A,那么必有不等式

$$L^2 \geqslant 4\pi A$$

成立,当且仅当这封闭曲线为一圆周时等号成立.

22 伯恩斯坦多项式

伯恩斯坦(Bernstein, 1880—1968)是 20 世纪苏联的一位大数学家,在函数逼近理论方面,他有许多深刻的研究成果,在 20 世纪初期由他提出的一类多项式,被后人称为**伯恩斯坦多项式**,直到现在仍旧是函数逼近论中的一个重要的研究对象. 在 20 世纪 60 年代初期,人们还以为伯恩斯坦多项式只有理论上的价值,但是到了 20 世纪 60 年代中期,人们发现这种多项式还有着很重要的实际应用,是当代"计算机辅助几何设计"里一种有力的数学方法. 在下一节中,我们将要谈到.

伯恩斯坦多项式虽说是高等数学中的内容,但是,本节里所涉及的基本性质,以及它的磨光性质,都是中学生可以理解的.

设 f 是定义在 $[0,1]$ 上的一个函数,对于任一正整数 n,把 $[0,1]$ 分成 n 个长度相等的线段,这 $n+1$ 个分点是 $0, \dfrac{1}{n}$, $\dfrac{2}{n}, \cdots, \dfrac{n-1}{n}, \dfrac{n}{n} = 1$,接着计算函数 f 在这些点上的数值

$$f(0), \quad f\left(\frac{1}{n}\right), \quad f\left(\frac{2}{n}\right), \quad \cdots, \quad f\left(\frac{n-1}{n}\right), \quad f(1),$$

然后利用这 $n+1$ 个实数为系数作出下面的多项式:

$$B_n(f; x) = \sum_{k=0}^{n} f\left(\frac{k}{n}\right) \binom{n}{k} x^k (1-x)^{n-k}, \tag{1}$$

我们称它为 f 的 n **次伯恩斯坦多项式**. 从式(1)看出, $B_n(f; x)$

的次数不会超过 n,对于某些特殊的函数 f,$B_n(f;x)$ 的次数可能低于 n.

B_n 可以看成是一个变换,它把任意的一个函数变成一个不大于 n 次的多项式,下面的记号

$$f(x) \xrightarrow{B_n} B_n(f;x)$$

表示一个函数 f,经过变换 B_n 的作用之后,变为它的 n 次伯恩斯坦多项式 $B_n(f;x)$.

在研究伯恩斯坦多项式的时候,令

$$B_i^n(x) = \binom{n}{i} x^i (1-x)^{n-i}, \quad i = 0,1,2,\cdots,n \qquad (2)$$

是很方便的.这里的 $n+1$ 个 n 次多项式称为 n **次伯恩斯坦基函数**.所有这些函数在 $[0,1]$ 上是非负的,并且它们的和

$$\sum_{i=0}^{n} B_i^n(x) = \sum_{i=0}^{n} \binom{n}{i} x^i (1-x)^{n-i}$$
$$= (x + (1-x))^n$$
$$= 1,$$

即

$$\sum_{i=0}^{n} B_i^n(x) = 1, \qquad (3)$$

这是一个很有用的等式.

看以下几个例子.

例 1 函数 $f(x) = 1$.

依照式(1),它的伯恩斯坦多项式为

$$B_n(1;x) = \sum_{k=0}^{n} B_k^n(x).$$

由式(3)可知

$$B_n(1;x) = 1, \tag{4}$$

这是一个零次多项式.

例2 函数 $f(x) = x$,这时

$$\begin{aligned}
B_n(x;x) &= \sum_{k=0}^{n} \frac{k}{n} B_k^n(x) \\
&= \sum_{k=1}^{n} \frac{kn!}{nk!(n-k)!} x^k (1-x)^{n-k} \\
&= x \sum_{k=1}^{n} \frac{(n-1)!}{(k-1)!(n-k)!} x^{k-1} (1-x)^{n-k} \\
&= x \sum_{k=0}^{n-1} \binom{n-1}{k} x^k (1-x)^{n-1-k} \\
&= x \sum_{k=0}^{n-1} B_k^{n-1}(x),
\end{aligned}$$

再由式(3)可知

$$\sum_{k=0}^{n-1} B_k^{n-1}(x) = 1,$$

所以

$$B_n(x;x) = x, \tag{5}$$

这是一个一次多项式.

例3 函数 $f(x) = x^2$,这时,按定义有

$$B_n(x^2;x) = \sum_{k=0}^{n} \left(\frac{k}{n}\right)^2 \binom{n}{k} x^k (1-x)^{n-k},$$

上式中对应于 $k=0$ 的那一个加项等于零,从而可以略去,只考虑 $k=1,2,\cdots,n$,这时有下列可以直接验证的等式:

$$\left(\frac{k}{n}\right)^2 \binom{n}{k} = \frac{1}{n} \binom{n-1}{k-1} + \left(1 - \frac{1}{n}\right) \binom{n-2}{k-2}.$$

当 $k=1$ 时,上式右边的第二项应当理解为零,于是我们有

$$B_n(x^2;x) = \frac{1}{n}\sum_{k=1}^{n}\binom{n-1}{k-1}x^k(1-x)^{n-k}$$

$$+ \left(1-\frac{1}{n}\right)\sum_{k=2}^{n}\binom{n-2}{k-2}x^k(1-x)^{n-k}$$

$$= \frac{x}{n}\sum_{i=0}^{n-1}B_i^{n-1}(x) + \left(1-\frac{1}{n}\right)x^2\sum_{i=0}^{n-2}B_i^{n-2}(x).$$

利用式(3)可知

$$B_n(x^2;x) = \frac{1}{n}x + \left(1-\frac{1}{n}\right)x^2. \tag{6}$$

式(6)也可以写成

$$0 \leqslant B_n(x^2;x) - x^2 = \frac{1}{n}x(1-x), \tag{7}$$

当 $x \in [0,1]$ 时，$x(1-x) \leqslant \frac{1}{4}$，由式(7)可知

$$\lim_{n\to\infty}B^n(x^2;x) = x^2.$$

事实上，只要函数 f 在 $[0,1]$ 上连续，就可以证明

$$\lim_{n\to\infty}B^n(f;x) = f(x) \tag{8}$$

对 $x \in [0,1]$ 一致成立，这已是高等数学的内容，我们不再深究了，但应指出：由于式(8)，我们可以用多项式来逼近连续函数，要多么精确就可以达到多么精确. 式(8)是伯恩斯坦多项式最重要的性质之一.

1986 年我国的全国数学联赛的一个问题就与伯恩斯坦多项式有关系，题目如下：

例4 设 $a_0,a_1,\cdots,a_n,\cdots$ 是一无限数列，满足关系 $a_{i-1} + a_{i+1} = 2a_i$，$i = 1,2,3,\cdots$. 求证：对于任何正整数 n，

$$\sum_{i=0}^{n}a_i\binom{n}{i}x^i(1-x)^{n-i}$$

或者为零,或者是不高于 1 次的多项式.

证明　由条件 $a_{i-1} + a_{i+1} = 2a_i$ 可以推出

$$a_{i+1} - a_i = a_i - a_{i-1}, \quad i = 1,2,3,\cdots.$$

这表明数列 $\{a_n\}$ 为一等差数列,设其公差为 d,于是有

$$a_i = a_0 + id, \quad i = 0,1,2,\cdots.$$

于是

$$\sum_{i=0}^{n} a_i \binom{n}{i} x^i (1-x)^{n-i}$$

$$= \sum_{i=0}^{n} (a_0 + id) B_i^n(x)$$

$$= a_0 \sum_{i=0}^{n} B_i^n(x) + nd \sum_{i=0}^{n} \left(\frac{i}{n}\right) B_i^n(x)$$

$$= a_0 \cdot 1 + nd B_n(x;x).$$

按式(5),上式等于 $a_0 + ndx$. 如果 $a_0 = d = 0$,那么它就是零;否则便是零次或者 1 次的多项式. **证毕**.

接着,我们来指出变换 B_n 的两个性质.

(1) 正性.

当 f 在 $[0,1]$ 上非负时,有

$$f\left(\frac{i}{n}\right) \geqslant 0, \quad i = 0,1,2,\cdots,n.$$

因此 $B_n(f;x) \geqslant 0$ 对 $x \in [0,1]$ 成立. 这就是说,变换 B_n 把 $[0,1]$ 上的非负函数变为 $[0,1]$ 上的非负多项式. 具有这种性质的变换称为**正变换**,所以 B_n 是正变换.

(2) 线性.

设 f 与 g 是 $[0,1]$ 上的两个函数. 从等式

$$\sum_{k=0}^{n} \left(f\left(\frac{k}{n}\right) + g\left(\frac{k}{n}\right) \right) B_k^n(x)$$

$$= \sum_{k=0}^{n} f\left(\frac{k}{n}\right) B_k^n(x) + \sum_{k=0}^{n} g\left(\frac{k}{n}\right) B_k^n(x)$$

可知

$$B_n(f+g;x) = B_n(f;x) + B_n(g;x). \tag{9}$$

同理可以证明,如果 c 为常数,那么

$$B_n(cf;x) = cB_n(f;x). \tag{10}$$

由于式(9)、式(10)成立,我们称 B_n 是线性变换.

变换 B_n 的正性与线性结合在一起,可以导出另一个性质,那就是:

若 $f(x) \geqslant g(x)$ 对 $x \in [0,1]$ 成立,那么

$$B_n(f;x) \geqslant B_n(g;x) \tag{11}$$

对 $x \in [0,1]$ 也成立.

证明如下:由

$$B_n(f;x) - B_n(g;x) = B_n(f;x) + (-1)B_n(g;x)$$

$$= B_n(f;x) + B_n(-g;x)$$

$$= B_n(f-g;x)$$

$$\geqslant 0$$

可知 $B_n(f;x) \geqslant B_n(g;x)$ 在 $[0,1]$ 上成立.

由 B_n 的线性及式(5)与式(6)可知

$$B_n(x(1-x);x) = B_n(x;x) - B_n(x^2;x)$$

$$= x - \left(\left(1-\frac{1}{n}\right)x^2 + \frac{1}{n}x \right),$$

于是得出

$$B_n\left(x(1-x);x\right) = \left(1 - \frac{1}{n}\right)x(1-x).\qquad(12)$$

式(12)表明,经过变换 B_n 的作用之后,$x(1-x)$ 被变成自身再乘上一个小于 1 的正实数.对于本节而言,式(12)是一个很关键的等式,下面将反复地用到它.

我们可以从几何角度来看变换 B_n.函数 $y = f(x)$ 的图像,限制在区间 $[0,1]$ 上,是展布在 $[0,1]$ 上空的一段曲线,而 $y = B_n(f;x)$ 的图像,也是在 $[0,1]$ 上空的一段多项式曲线.所以 B_n 也可被视为把一段曲线变为另外一段曲线的变换.由于

$$B_n(f;0) = \sum_{k=0}^{n} f\left(\frac{k}{n}\right)B_k^n(0) = f(0),$$

$$B_n(f;1) = \sum_{k=0}^{n} f\left(\frac{k}{n}\right)B_k^n(1) = f(1),$$

所以

$$B_n(f;0) = f(0),\quad B_n(f;1) = f(1).\qquad(13)$$

式(13)表明,变换前与变换后的两条曲线段有共同的起点,也有共同的终点,即它们有共同的端点.

在图 22 - 1 中,函数 f 的图像是一段连续的折线,图中还画

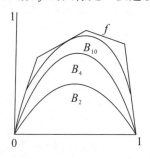

图 22 - 1

出了经过 B_2, B_4, B_{10} 变换后所得出的曲线,由图中看出,它们有共同的端点.

我们可以讨论变换 B_n 的迭代,或者说 B_n 的方幂.将变换 B_n 对函数 f 一次又一次地反复作用,我们得到多项式序列 $B_n(f;x), B_n^2(f;x), B_n^3(f;x), \cdots$,这样无止境地作下去,最终会出现什么样的后果?这一问题,在 1976 年,由两位美国数学家 Kelisky 和 Rivlin 所解决.但他们所使用的方法是中学生不能接受的.下面的证明是经过初等化了的,它只涉及简单的极限概念.

定理 1(克里斯基-瑞夫仑)　设 f 是定义在 $[0,1]$ 上的任一函数.对于任意固定的正整数 n,有如下的迭代极限:

$$\lim_{k \to \infty} B_n^k(f;x) = (f(1) - f(0))x + f(0). \tag{14}$$

在证明这一定理之前,先说说式(14)的几何意义.式(14)的右边是一个一次函数:当 $x = 0$ 时,它等于 $f(0)$;当 $x = 1$ 时,它等于 $f(1)$.大家知道,一次函数的图像是一条直线,由以上的说明可知,这条直线在 $[0,1]$ 上的那一部分与 $y = f(x)$ 的图像有相同的起点和终点.上述定理说明:不论 $[0,1]$ 上空给出怎样的一段曲线,经过变换 B_n 的反复作用之后,最终(在极限意义之下)会变为一条直线段,这条直线段是由原来的曲线的两个端点所决定的.

在两端点固定的条件下,在所有的曲线中,直线段是"最光滑"的曲线,这个观点很容易被人们所接受.因此,可以认为,Kelisky-Rivlin 定理表现出的正好是伯恩斯坦变换的"磨光性质".

证明　先从一个特殊的函数 $y = x(1 - x)$ 着手.这一函数

当 $x=0$ 及 $x=1$ 时函数值为 0. 因此我们应当证明:

$$\lim_{k \to \infty} B_n^k(x(1-x);x) = 0. \tag{15}$$

这是容易做到的,因为从式(12),用归纳法可以得到

$$B_n^k(x(1-x);x) = \left(1 - \frac{1}{n}\right)^k x(1-x), \quad k=1,2,3,\cdots.$$

由此可知

$$0 \leqslant B_n^k(x(1-x);x) \leqslant \frac{1}{4}\left(1 - \frac{1}{n}\right)^k,$$

注意,当 $k \to \infty$ 时有 $\left(1 - \frac{1}{n}\right)^k \to 0$,由此立得式(15).

　　其次,考察函数 $y = x^m$,这里 m 为任何正整数. 由于这一函数当 $x=0$ 时函数值等于 0,当 $x=1$ 时函数值等于 1,因此我们必须证明:

$$\lim_{k \to \infty} B_n^k(x^m;x) = x. \tag{16}$$

事实上,由于 $0 \leqslant x \leqslant 1$,所以当 $m \geqslant 2$ 时,有

$$0 \leqslant x - x^m = x(1 - x^{m-1})$$
$$= x(1-x)(1+x+\cdots+x^{m-2}),$$

由此推出

$$0 \leqslant x - x^m \leqslant (m-1)x(1-x). \tag{17}$$

这一不等式显然对于 $m=1$ 也正确. 从式(17)出发,利用变换 B_n 的正性和线性所导致的 B_n^k 的线性和正性,可得

$$0 \leqslant x - B_n^k(x^m;x) \leqslant (m-1)\left(1 - \frac{1}{n}\right)^k x(1-x),$$

由此立即推出式(16).

　　现在转而讨论最一般的情况,设 f 是定义在 $[0,1]$ 上的任一函数,它经过变换 B_n 的一次作用之后,变成一个不超过 n 次的

多项式,因此可设

$$B_n(f;x) = a_0 + a_1 x + \cdots + a_n x^n, \tag{18}$$

其中 $a_0, a_1, \cdots, a_n$ 为实数.将 B_n 对式(18)两边再连续作用 k 次,根据 B_n 的线性,得

$$B_n^{k+1}(f;x) = a_0 + a_1 x + a_2 B_n^k(x^2;x) + \cdots + a_n B_n^k(x^n;x).$$

在上式两边令 $k \to \infty$,由式(16)可知

$$\lim_{k \to \infty} B_n^{k+1}(f;x) = a_0 + (a_1 + \cdots + a_n)x$$

$$= a_0 + (a_0 + a_1 + \cdots + a_n - a_0)x.$$

由式(18)与式(13)可知

$$a_0 = B_n(f;0) = f(0),$$

$$a_0 + a_1 + \cdots + a_n = B_n(f;1) = f(1),$$

所以得到

$$\lim_{k \to \infty} B_n^k(f;x) = f(0) + (f(1) - f(0))x,$$

这就完全证明了定理.**证毕**.

　　克里斯基与瑞夫仑的论文中,他们的证明用到了"特征值"和"特值函数",这些是大学数学的内容.在 20 世纪 80 年代中期,笔者提出过好几种简单证法,连中学生都能接受,在美国,一个著名杂志《SIAM Review》的问题栏的 85-3 题(1985 年)是常庚哲(G. Chang)给出的;在书籍《Over and Over Again》(1997年)第 173 页中,我们也有更简单的证法.

　　殊不知,发行量很大、百年老字号的《美国数学月刊》第 116卷(2009 年)6 期,535—538 页上,又刊登大致相同的文章,时间竟过去了 1/4 世纪! 请看罗马尼亚人 U. Abel 和 M. Ivan 的文章:《Over-iterates of Bernstein's Operators: A Short and

Elementary Proof》.

前已谈到,这一定理表现了变换 B_n 具有磨光性质.除此之外,作为这个定理的一个推论,我们可以来确定出变换 B_n 的全部"不变量".对于线性函数,有

$$B_n(ax + b;x) = aB_n(x;x) + bB_n(1;x)$$
$$= ax + b,$$

这就是说,每一个一次函数及常数都是变换的不变量.反过来,我们问,除此之外,B_n 还有没有其他的不变量? 答案是,再也没有其余的不变量了,这可以利用上述定理来证明.设函数 φ 是 B_n 的一个不变量,即 $B_n(\varphi;x) = \varphi(x)$,由此可知 $B^2(\varphi;x) = B_n(\varphi;x) = \varphi(x)$.用归纳法可知,$\varphi$ 也是 B_n^k 的不变量,即

$$B_n^k(\varphi;x) = \varphi(x), \quad k = 1,2,3,\cdots.$$

在上式中令 $k \to \infty$,得到

$$\varphi(x) = \lim_{k\to\infty} B_n^k(\varphi;x) = \varphi(0) + (\varphi(1) - \varphi(0))x.$$

所以得知 B_n 的不变量 φ 只能是线性函数.

我们有如下定理:

定理 2　伯恩斯坦算子 B_n 的不动点集线性函数,即常数加一次函数.

自从伯恩斯坦多项式问世以来,对它的讨论就从来也没有间断过.已经有了题为《伯恩斯坦多项式》的专著,研究文献更是浩如烟海.但是,直到 20 世纪 50 年代末期,这种讨论仅仅限于"函数逼近论"的理论方面.伯恩斯坦多项式对于连续函数的一致逼近无疑是最重要的性质之一.但是可惜的是,这种逼近速度非常缓慢,以致到 20 世纪 60 年代初期有一些数学家还为它在实际中找不到任何数值应用而惋惜! 由

$$0 \leqslant B_n(x^2; x) - x^2 = \frac{1}{n}x(1-x) \leqslant \frac{1}{4n},$$

我们可以看出:用伯恩斯坦多项式来一致逼近 x^2 这么一个简单的函数,如果要使误差不超过千分之一,那么伯恩斯坦多项式的次数起码得是250!

但是,伯恩斯坦多项式也有它的十分显著的优点.这些优点,我们在前面看到过一些:伯恩斯坦多项式变换把正的函数变为正的函数;它不改变曲线的两个端点;它具有磨光性质……用一点点微积分知识还可以证明:它把单调函数变为单调函数,把凸函数仍然变为凸函数……简而言之,它具有"保形性质",一方面,它把原来的函数变得光滑一些,而同时又保留了原来的函数图形的几何特征."金无足赤,人无完人",没有十全十美的东西,同时也没有绝对坏的东西,在科学领域中也是如此.伯恩斯坦多项式所具有的优美的保形性质,正是用"收敛速度十分缓慢"为代价换取来的.

20世纪50年代末期与20世纪60年代初期,正当人们为伯恩斯坦多项式找不到任何实际应用而发愁的时候,一门新的学科,即"计算机辅助几何设计",正在孕育中.法国雷诺汽车公司的工程师贝齐尔(P. Bézier)成功地提出了一套计算机辅助设计系统,在汽车、飞机、精密机械制造业引起了一场革命性的发展,使他成了"计算机辅助几何设计"的奠基人之一.他用的一套数学方法,被人们称之为"贝齐尔曲线、曲面方法",这种方法竟是以伯恩斯坦多项式作为工具的!这个时候,距离伯恩斯坦多项式的发现已经过去了半个世纪,真是"山重水复疑无路,柳暗花明又一村"!这种现象,在数学的历史上是不乏先例的.这说明:当年数学家的一种"空想",经历了相当长的时间之后,可能会是很"实用"的.基础科学,特别是纯数学,很难说将来会在什么时候、什么场合有用,并且有很重大的作用.如果要求基础科学的研究成果一出来就要立刻有应用,那就太短视了.

在下一节中,我们将介绍计算机辅助几何设计中的贝齐尔方法.

23 平面贝齐尔曲线

现代化的巨型喷气式客机,是 20 世纪科技进步的成就之一.乘坐这种客机,从世界的这一端到另一端,真正做到了"朝发而夕至".现代的舰船虽然比不上飞机的快捷,但是它们的容量之巨大,足以把十几万吨甚至几十万吨的物资送到大洋彼岸.人们愉快地享受这种最现代的物质文明,但除了设计或制造飞机和舰船的人员之外,很少有人能想象出设计和制造工作的复杂和艰巨.

我们姑且撇开飞机和舰船的精密的发动机和内部的各种复杂的管道不谈,就说说它们外形的制造.

大家都知道灯笼是怎样制作的:工匠们先用竹篾按照他想象中的灯笼的式样,扎成一个架子,这个架子组成了灯笼骨架,骨架之间是许许多多的空洞.接着工匠们将纸或者绸布糊在这个架子上,再经过适当的装潢和修饰,灯笼就制成了.

飞机、舰船和汽车的外形显然远比灯笼的复杂,但是在制作骨架和在骨架上安放"蒙皮"(飞机制造的术语)这两点上是一致的.设计一经确定之后,这许许多多的纵向和横向的骨架就得按照图纸的要求准确地制作.单就骨架而言,它们也有着一个一个的空洞,在空洞上安放蒙皮才造成了飞机的外形.安放蒙皮的过程绝不像糊灯笼那么简单.制作蒙皮的铝板是有一定刚度的,不像纸和绸布那样柔软,可以任人摆布,而且飞机和机舱内密布着各式各样的零件和管道,相互之间的配合应当做到"无毫发爽".飞机和舰船都是庞然大物,如果各个部件达不到规定的要求,最后会完全不能装配起来.

为了保证达到相互协调的精度,在飞机制造工业中,多年以来形成了一套严格的传统工艺.以 20 世纪 50 年代的苏联的飞机工业为例,就建立过一套"模线,样板,标准样件工作法".模线来自设计,按照飞机零部件以一比一的比例画成,构成了今后工艺流程的最原始的依据.为了保证精度,工艺规定,模线只能复制而不许重画,对称的线段只画一半,另一部分也通过复制来获得.根据模线制造样板,再根据样板制作标准样件,然后再制作各种形式的模胎和型胎.这些工作,还不是生产飞机的本身,只是制造生产飞机的工具,这个过程称为"生产准备阶段".生产准备阶段的工作量是生产机身本身的工作量的将近一倍.如果要生产一种新型的飞机,那么原来的生产准备只能全部报废,一切必须从零开始.

容易看出,这种生产过程的缺点在于:用实物来传递几何信息.这种方式不可避免地产生误差.即使初始阶段只是"差之毫厘",几经实物传递信息之后,最后可以"失之千里".存放模线、样板、标准样件这些实物,必须有大量的空间;而且它们往往受温度、湿度的影响,从它们中间提取信息的时候将会因时间和季节的不同产生差异.所以,虽然有这种严格的工艺操作规定,最后也不能切实保证零部件的协调性.

多少年来,人们认识到要改变这种传统的工艺,最根本的思路就是要改由实物传递几何信息的方式为"用数字来传递几何信息",因为后者既不会受时间、气候的影响,也不会因人而异.以造船业为例,这种设想早在一百多年前就开始了它的尝试.人们试图用数学方法来表示船体或机身身上的曲线,在造船业中,这叫做"数学放样";在飞机制造业中则称为建立"飞机的外形数学模型".

只有在电子计算机技术取得突飞猛进的条件之下,人们的上述愿望才能真正变为现实.上面讲的那些问题,不只是存在于飞机和舰船制造之中,同时也存在于汽车制造和一切精密机械制造业之中.20世纪60年代前后,是当今被称之为"计算机辅助几何设计"(英文缩写为CAGD)这一新兴学科的萌芽阶段.CAGD的兴起和发展是20世纪技术革命最伟大的成就之一.CAGD是数控技术、计算机科学和数学(包括函数逼近理论、数值分析、微分几何和代数几何)发展的联合贡献,它的应用范围远远超过了飞机、舰船、汽车工业以及精密机械工业,已经深入到了地质、探矿乃至现代医学中.

美国的机械学教授孔斯(S. A. Coons)与法国工程师贝齐尔是国际公认的CAGD的两位杰出的先驱者.值得注意的是他们都不是职业数学家,但他们使用的数学方法可以在数学中找到坚实的基础.简单地说,孔斯的理论是基于厄尔米特插值理论,而贝齐尔方法则是与伯恩斯坦逼近理论有着密切的关系.他们并不只是简单地使用了这些古典的数学方法,而是渗入了他们自己的概念和思想.这样又反过来唤起了数学家们对这些古典理论的再讨论和再认识,推动着这些数学理论的深入发展.

我们在这里只简略地介绍一下贝齐尔的曲线理论,并只限于平面曲线.在这里,我们将遇见变换和变换的迭代.设 z_0, $z_1, \cdots, z_n$ 是复平面上的任意给定的 $n+1$ 个点.把 z_0 与 z_1, z_1

与 $z_2, \cdots, z_{n-1}$ 与 z_n 用直线段联起来,得到一个由 n 条边组成的连续折线,人们称它为一个 n **阶贝齐尔多边形**,或者**控制多边形**.注意,这里的多边形的概念不同于本书第 19 节所定义的多边形,那里的多边形是封闭的,而这里所谓的控制多边形,由于 z_0 与 z_n 没有被直线段联起来,所以可能不是封闭的,当然,如果 z_0 与 z_n 重合,那自然就是封闭的多边形了.但一般来说,z_0 与 z_n 可以不重合.

定义

$$z(t) = \sum_{k=0}^{n} z_k B_k^n(t), \quad 0 \leqslant t \leqslant 1. \tag{1}$$

这里 $B_k^n(t), k = 0, 1, 2, \cdots, n$ 是在第 22 节中所定义的 n 次伯恩斯坦基函数,t 是一个实参数,限制在 0 与 1 之间变化.当 t 取定 $[0, 1]$ 中的一个确定的值的时候,由式(1)定义的 $z(t)$ 是复平面上的一个确定的点;当 t 取遍 $[0, 1]$ 中所有的值的时候,$z(t)$ 描画出一段平面曲线,称为 n **次贝齐尔曲线**.

利用移位算子 E 和恒等算子 I,把 z_k 写为 $E^k z_0$,因此式(1)的右边变为

$$\sum_{k=0}^{n} \binom{n}{k} (tE)^k ((1-t)I)^{n-k} z_0.$$

用二项式定理,上式可写为 $(tE + (1-t)I)^n z_0$,因此式(1)有非常简洁的表达式

$$z(t) = ((1-t)I + tE)^n z_0. \tag{2}$$

令 $t = 0$ 并代入式(2),得

$$z(0) = I^n z_0 = z_0, \tag{3}$$

再令 $t = 1$ 并代入式(2),得

$$z(1) = E^n z_0 = z_n. \tag{4}$$

式(3)表明,贝齐尔曲线的起点重合于其控制多边形的第一个顶点;式(4)表明,贝齐尔曲线的终点重合于其控制多边形的最后一个顶点.总而言之,贝齐尔曲线与其控制多边形有相同的端点.由此可知,当控制多边形为封闭曲线时($z_0 = z_n$),对应的贝齐尔曲线也是封闭的($z(0) = z(1)$).

　　图23-1中画出了好几条贝齐尔曲线以及它们各自的控制多边形.图23-2中表现的是一些动物的图案,其中的每一个图案都是由好多条贝齐尔曲线拼接起来的.

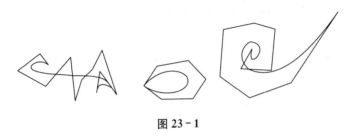

图 23 - 1

图 23 - 2

　　从图23-1看出,所谓的贝齐尔曲线,可以看成是一种变换:

特征多边形──→贝齐尔曲线.

特征多边形是一条折线,见棱见角,易于控制;而贝齐尔曲线是非常光滑的曲线,它是由其特征多边形唯一确定的.从图形中还看到,贝齐尔曲线与它的特征多边形又非常"神似",也就是说保

持着特征多边形的"神态".设计人员只需按自己心目中的形象
先勾画出一个特征多边形,电子计算机所控制的图形设备便立刻
产生一个相应的图形,它既能体现设计者所构想的图形,又具有
非常光滑的曲线.如果设计者对计算机产生的图形不够满意,那
么他可以移动控制多边形的顶点,也就是说修改特征多边形,让
计算机重新显示出一个图形,重复这一过程,直到设计者满意为
止.这一过程,称为"人机对话",或者"交互式设计".这好像一个
画家画人像,首先用一段一段的折线段勾勒出人物面部的轮廓,
接着不断加细,不断修改,最终达到满意的结果为止.

　　计算机是怎样由给定的控制多边形迅速作出贝齐尔曲线的
呢? 是不是对于每一个在区间 $[0,1]$ 中的参数值 t,代入式(1)
的右边,从而算出曲线上的每一个点 $z(t)$ 呢? 实际上并不是这
样做的,它所依据的是"贝齐尔曲线的几何作图定理".下面我们
来介绍这一定理.

　　首先我们介绍一下"定比分点"的概念,这一概念在高中的
解析几何中已经出现过.联结 z_0,z_1 得一直线段,对于任何实数
$t \in [0,1]$,我们要找出这条线段上的一点 $z_0{}'$,它把直线段分为
两段,这两段的比例是 $t:(1-t)$,如图 23-3 所示.

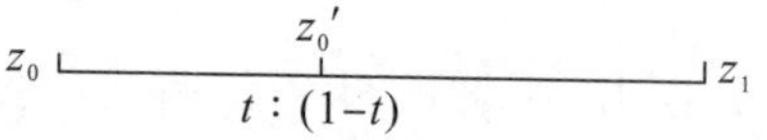

$$z_0 \ \underset{\substack{\qquad\qquad\\ t:(1-t)}}{\overline{\qquad\quad \overset{\displaystyle z_0{}'}{|} \qquad\qquad}} \ z_1$$

图 23-3

用复数表示就是

$$\frac{z_0{}' - z_0}{z_1 - z_0{}'} = \frac{t}{1-t},$$

由此解出

$$z_0' = (1-t)z_0 + tz_1,$$

使用恒等算子 I 和移位算子 E，上式可表为

$$z_0' = ((1-t)I + tE)z_0. \tag{5}$$

现在考虑一个控制多边形，设其顶点为 $z_0, z_1, \cdots, z_n$。对任意固定的参数值 $t \in [0,1]$，在第 1 条边、第 2 条边，直到第 n 边上，分别取点 $z_0', z_1', \cdots, z_{n-1}'$，它们把相应的边按比例 $t:(1-t)$ 分为两段，依照式(5)，有

$$z_k' = ((1-t)I + tE)z_k, \tag{6}$$

这里 $k = 0, 1, \cdots, n-1$，共有 n 个点。把它们逐一联结起来，得到一个 $n-1$ 边组成的折线，接着，在每一条边上，按同样的比例作定比分点，得到的分点是

$$z_k'' = ((1-t)I + tE)z_k', \tag{7}$$

这里 $k = 0, 1, \cdots, n-2$。重复这一步骤，直到得到两个点 $z_0^{(n-1)}, z_1^{(n-1)}$，它们的表达式为

$$z_k^{(n-1)} = ((1-t)I + tE)z_k^{(n-2)}, \tag{8}$$

这里 $k = 0, 1$。最后，将这两点用直线联结起来，得到一条直线段，再在此直线段上找定比分点——这时只有一个点了，记为 $z_0^{(n)}$，它的表达式为

$$z_0^{(n)} = (1-t)z_0^{(n-1)} + tz_1^{(n-1)},$$

也就是

$$z_0^{(n)} = ((1-t)I + tE)z_0^{(n-1)}. \tag{9}$$

我们说，最后得到的点 $z_0^{(n)}$ 正好是贝齐尔曲线上的点 $z(t)$。

事实上，由式(9)、式(8)、式(7)、式(6)知

$$z_0^{(n)} = ((1-t)I + tE)z_0^{(n-1)}$$
$$= ((1-t)I + tE)^2 z_0^{(n-2)}$$
$$= ((1-t)I + tE)^3 z_0^{(n-3)}$$
$$= \cdots$$
$$= ((1-t)I + tE)^{n-1} z_0^{(1)}$$
$$= ((1-t)I + tE)^n z_0,$$

与式(2)作比较,立即可知

$$z_0^{(n)} = z(t).$$

于是,总共经过 $1 + 2 + 3 + \cdots + n - 1 = \dfrac{n(n-1)}{2}$ 次定比分点,便作出了 n 次贝齐尔曲线上的一个点.这完全是一个几何作图的过程,并不依赖于解析表达式(1).整个过程只不过是重复着同一简单几何作图——定比分点,这对电子计算机来说是轻而易举的事.图 23-4 中表现了从给定的控制多边形出发,求得曲线上一个点的过程,其中参数 t 所取的值等于 $\dfrac{1}{3}$.

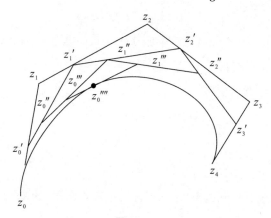

图 23-4

　　对于$[0,1]$中足够多的参数值,按上述作图定理作出足够多的点,它们都在同一贝齐尔曲线上.如果它们足够密的话,那么把这些点按参数值增长的方向用直线联结起来,就相当精确地表达了所求贝齐尔曲线,由于每一小段直线是那么短小,因此肉眼看上去便是一条相当光滑的曲线.

　　上面表述的几何作图法,是一个点接着一个点作出来的.贝齐尔曲线还有另一种作图法,叫做"割角法",具有一定的整体性.也就是说,如果作图在某一步上停止,得到的是近似于贝齐尔曲线的一条折线,而不仅仅是曲线上的有限个点.

　　为了介绍"割角法",先要说一说"升阶".设我们已有一个n阶的控制多边形,其顶点是$z_0,z_1,\cdots,z_n$.定义如下的$n+2$个顶点:

$$z_k{}^* = \frac{k}{n+1}z_{k-1} + \left(1 - \frac{k}{n+1}\right)z_k, \quad k = 0,1,2,\cdots,n,n+1.$$

$$(10)$$

当$k=0$时,虽然式(10)右边的第一项中的z_{-1}没有意义,但由于它的系数为零,所以可以认为第一项等于零,从而$z_0{}^* = z_0$,同样的道理可以说明$z_{n+1}{}^* = z_n$.由顶点$z_0{}^*,z_1{}^*,\cdots,z_n{}^*$,$z_{n+1}{}^*$所组成的$n+1$阶多边形,称为原先的$n$阶多边形的**升阶多边形**.上面已经说明,升阶多边形与原先的控制多边形有相同的端点.

　　既然升阶多边形是一个$n+1$阶的控制多边形,它就定义了一条$n+1$次的贝齐尔曲线,下面来证明,这条贝齐尔曲线实际上就是原先那条n次的贝齐尔曲线.换句话说,升阶多边形决定的曲线正好是未升阶的多边形所对应的那一条贝齐尔曲

线. 证明如下:

$$\sum_{k=0}^{n+1} z_k{}^* B_k^{n+1}(t)$$

$$= \sum_{k=0}^{n+1} \left(\frac{k}{n+1} z_{k-1} + \left(1 - \frac{k}{n+1}\right) z_k \right) B_k^{n+1}(t)$$

$$= \sum_{k=0}^{n+1} \frac{k}{n+1} B_k^{n+1}(t) z_{k-1} + \sum_{k=0}^{n+1} \left(1 - \frac{k}{n+1}\right) B_k^{n+1}(t) z_k$$

$$= \sum_{k=1}^{n+1} \frac{k}{n+1} B_k^{n+1}(t) z_{k-1} + \sum_{k=0}^{n} \left(1 - \frac{k}{n+1}\right) B_k^{n+1}(t) z_k.$$

把上式中最后一式的第一项中的 $k-1$ 用 k 来代替, 得

$$\sum_{k=1}^{n+1} \frac{k}{n+1} B_k^{n+1}(t) z_{k-1} + \sum_{k=0}^{n} \left(1 - \frac{k}{n+1}\right) B_k^{n+1}(t) z_k$$

$$= \sum_{k=0}^{n} \frac{k+1}{n+1} B_{k+1}^{n+1}(t) z_k + \sum_{k=0}^{n} \left(1 - \frac{k}{n+1}\right) B_k^{n+1}(t) z_k$$

$$= \sum_{k=0}^{n} \left(\frac{k+1}{n+1} B_{k+1}^{n+1}(t) + \left(1 - \frac{k}{n+1}\right) B_k^{n+1}(t) \right) z_k.$$

直接计算可知

$$\frac{k+1}{n+1} B_{k+1}^{n+1}(t) + \left(1 - \frac{k}{n+1}\right) B_k^{n+1}(t) = B_k^n(t),$$

这里 $k = 0, 1, 2, \cdots, n$, 因此

$$z^*(t) = \sum_{k=0}^{n} z_k B_k^n(t)$$

与式(1)右边比较, 便知 $z^*(t) = z(t)$. **证毕**.

图 23-5 反映了一个 4 阶的控制多边形, 经过升阶之后变为 5 阶控制多边形的情形. 这时 $n=4$, 按式(10), 有

$$z_0{}^* = z_0,$$

$$z_1{}^* = \frac{1}{5} z_0 + \frac{4}{5} z_1,$$

$$z_2{}^* = \frac{2}{5}z_1 + \frac{3}{5}z_2,$$

$$z_3{}^* = \frac{3}{5}z_2 + \frac{2}{5}z_3,$$

$$z_4{}^* = \frac{4}{5}z_3 + \frac{1}{5}z_4,$$

$$z_5{}^* = z_4.$$

升阶过程可以一次又一次无止境地进行下去,得出一批有公共端点的折线族. G. Farin 曾经证明,当人们把一个 n 阶控制多边形一次又一次地反复进行下去时,在极限状态,便得出由原 n 阶控制多边形所决定的 n 次贝齐尔曲线. 我们在此不去严格地证明 Farin 定理了,而直接承认这一定理的正确性. 因此,只要把升阶进行足够多次,便得出贝齐尔曲线的一条很好的逼近曲线.

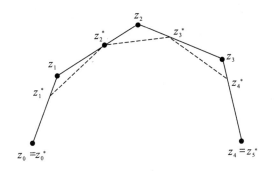

图 23 - 5

由图 23 - 5 可知,每一次升阶相当于多次的"割角",贝齐尔曲线可以看成是无限次割角而生成的. 这一观察,使我们有可能比较容易地证明平面贝齐尔曲线的"保凸性". 在第 21 节中,已经给出过平面凸图形的定义,凸图形的任一段连续的边界称为

"凸曲线".因此,一条控制多边形被称为是凸的,如果把它的起点与终点用直线联起来之后形成一个凸多边形.很明显,任何一个凸图形,沿一条直线被刀割切掉一部分之后,余下的图形仍然是凸图形.因此,根据 Farin 定理,凸的控制多边形在用直线段联结起点与终点之后,将围成一个凸图形,经过多少次割角仍然是凸的,从而贝齐尔曲线,作为一个凸图形的一段连续的边界,就必定是凸曲线了.证毕.

平面贝齐尔曲线的保凸性定理　　如果一个平面控制多边形是凸的,那么它所对应的贝齐尔曲线也是凸的.

这一定理是由复旦大学数学系刘鼎元教授所建立的.

正是由于平面贝齐尔曲线,作为把折线变为参数多项式曲线的变换,既有保形性又有磨光性,使得它们成为计算机造型的强有力的工具.具有高等数学知识的读者,如果有兴趣的话,可以进一步去阅读苏步青教授和他的学生刘鼎元的专著《计算几何》(上海科学技术出版社,1980 年).

24   分形几何简介

读者已经熟悉许许多多的几何图形,例如,直线、三角形、多边形、圆、椭圆、双曲线、抛物线、圆盘、球面等等.这些几何图形,早在古希腊时代就已被人们充分地认识了.从历史上看,人们对几何的兴趣乃是由自然界中的现象的刺激.球的重要性是因为它表现了地球的形状,椭圆的作用是因为它是行星运动的轨道.椭圆与球的几何性质也可以应用到许多物理模型之中.当然,行星的轨道并非是严格的椭圆,地球也不是一个精确的球形,但是为了许多应用的目的,把它们看成近似的椭圆、球也就足够了.

在应用中,人们所需要的不只是上述那些最简单的几何图形,例如,第 23 节所提及的一般的贝齐尔曲线,就不是上述那些几何图形所能概括的.为此,需要研究很一般的曲线、曲面的性质,作为研究的工具则是微分学和积分学,这就是"微分几何学",是大学数学系的学生的一门必修课程.例如,对贝齐尔曲线和曲面的深入研究,就依赖于微分几何学.

长期以来,数学已广泛地涉及可以用经典的微分几何方法进行研究的点集类和函数类,它们的共同特征是有相当的光滑性;而那些不够光滑和不够规则的几何形状常被人们看成是"病态的",不值得研究的,人们对它们采取不屑一顾的态度.

近几年来,这种态度发生了变化.人们已经意识到:不规则的点集比经典的几何图形能更好地反映许多自然现象,因此有必要对"不光滑集"进行详细的数学描述.就这样,一门崭新的学科"分形几何"就应运而生了.

在本书中,我们不可能详尽地讨论分形几何的内容,而只能通过两个简单的例子来说明"分形"的特点.读者即将看到,分形的产生与几何变换及变换的迭代有密切的关系.

第一个例子就是所谓的"康托尔(Cantor)三分集".这是一种最容易被人们了解、最容易构造的分形,然而它却能显示出许多最典型的分形特征.

令 $E_0 = [0,1]$,即数轴上从 0 到 1 的线段(包括两个端点 0 与 1 在内).把这一线段在 $\frac{1}{3}$ 与 $\frac{2}{3}$ 处三等分,然后取走 $\left(\frac{1}{3}, \frac{2}{3}\right)$ 这一线段(不包括 $\frac{1}{3}$ 与 $\frac{2}{3}$ 这两点),余下的集合记做 E_1,也就是说 E_1 由线段 $\left[0, \frac{1}{3}\right]$ 与 $\left[\frac{2}{3}, 1\right]$ 合并而成.从 E_0 到 E_1,可以看成是一个几何变换.再把 E_1 的两条线段各自三等分,取走中间的那一条线段,余下来的点集记做 E_2,很明显,E_2 由四条线段组成(图 24-1).从 E_1 到 E_2,用到了同一种几何变换,所以是变换的迭代.接着把同样的变换作用于 E_2 而得到 E_3.也就是说,把 E_2 中的四条线段各自三等分,取走中间那一段,余下的点集就是 E_3.很明显,E_3 由八条更短的线段组成.把这一变换无止境地重复下去,得到 $E_4, E_5, \cdots, E_n, \cdots$,最后(即在极限的意义之下)得到的集合就是康托尔三分集,我们把它记做 F.

显然,我们无法画出康托尔集 F 的全部细节,而只能取正

整数 n 充分大时,从 E_n 的图形中获得 F 的大致形象.

　　在康托尔集的构造过程中,给人们的印象是,已经从 $[0,1]$ 中去掉了那么多的点,似乎没有留下什么东西.这种看法是有道理的.让我们看看去掉的部分总的长度是多少?

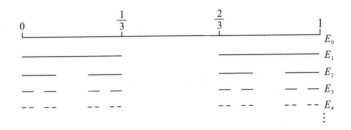

图 24 - 1

　　从 E_0 到 E_1,去掉的长度是 $\dfrac{1}{3}$;从 E_1 到 E_2,去掉的长度是 $2 \times \dfrac{1}{3^2}$;从 E_2 到 E_3,去掉的长度是 $4 \times \dfrac{1}{3^3}$ ······因此,去掉的总长度为

$$\frac{1}{3} + \frac{2}{3^2} + \frac{2^2}{3^3} + \frac{2^3}{3^4} + \cdots$$

$$= \frac{1}{3}\left(1 + \frac{2}{3} + \left(\frac{2}{3}\right)^2 + \left(\frac{2}{3}\right)^3 + \cdots\right).$$

中括号中的数是一个公比为 $\dfrac{2}{3}$ 的等比级数的和,等于

$$\frac{1}{1 - \dfrac{2}{3}} = 3,$$

这就是说,去掉的线段的总长度为 $3 \times \dfrac{1}{3} = 1$,这正是 $E_0 = [0,1]$ 的长度! 余下来的 F 还能剩多少东西呢? 事实上,F 仍

包含着无穷多点,而且是不可数的无穷多点,也就是说,F 与全体正整数值之间不能建立起一一对应.用粗略的语言来说,F 中的点的数目比全体正整数的"数目"要大得多.并且,F 的点相对于自然而言是"稠密的",即在 F 任何一点的附近都含有 F 中的无穷多个点.

毫无疑问,F 是一个几何图形,但是无法用经典的分析方法对它作进一步的研究.

下面列出康托尔三分集 F 的一些性质,这些性质代表了许多分形的基本性质:

1. F 具有自相似性.F 在 $\left[0,\dfrac{1}{3}\right]$ 内的那一部分,即 F 与 $\left[0,\dfrac{1}{3}\right]$ 的交集,与 F 是几何相似的,相似比为 $\dfrac{1}{3}$;F 与 $\left[\dfrac{2}{3},1\right]$ 的交集也是如此.F 在 E_2 的四个区间内的那些部分,也与 F 几何相似,相似比为 $\dfrac{1}{9}$.康托尔集 F 包含着许多不同比例的与自身几何相似的部分.

2. F 具有"精致结构",即它包含着有任意小比例的细节.如果放大 F 的图,这种细节就会变得更加清楚.

3. 虽然 F 有非常复杂的精细结构,但是 F 的定义是非常简单明了、毫不含糊的.

4. F 是由一个几何变换经过无穷次迭代而生成的.

5. 无法用经典的几何方法对 F 进行研究.

第二个例子是 Koch 曲线(图 24 - 2).设 E_0 是长度为 1 的直线段,把 E_0 三等分,去掉中间那段长为 $\dfrac{1}{3}$ 的线段,代之以被除去的那条线段为底边的等边三角形的另外两边,这个图形记为 E_1,它由四条线段组成. 从 E_0 到 E_1,定义了一个几何变换,把同一变换用到组成 E_1 的四条线段的每一条上去,得到 E_2,依次类推,得到 $E_3,E_4,\cdots$,当 $n\to\infty$ 时,E_n 的极限曲线记为 F,这就是 Koch 曲线.

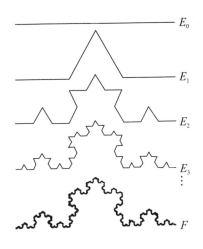

图 24-2

Koch 曲线在许多方面与上面列举的康托尔三分集类似. 我们无法作出 Koch 曲线的准确图形,只能对于相当大的 n,把 E_n 看成是 Koch 曲线的一个很好的近似. Koch 曲线在每一点上都没有切线,因此微积分学对它无用武之地. 它也有自相似的性质、有精细的结构. 按照它的定义,它是由几何变换的无穷次迭代生成的.

以上两个例子中的集,是被称做"分形"(fractal 由拉丁字母 fracta 而来)的例子. 这个新创造的名词,用来描述一些非常不规则的、以致不适宜被视为经典几何研究对象的物体.

　　读一读最新的物理文献就可以发现:各种不同的自然物体都用分形来描述,例如,云彩的边界、地表面的形状、海岸线、流体的湍流,等等.这些例子没有一个是真正的分形(正如地球的形状并非一个球一样),然而在一定的比例范围内,它们表现出许多类似分形的性质,在这样的比例之下,它们通常可以被看成是分形的.

　　分形几何形成了一个全新的数学分支,已有的研究结果已经应用于物理工程问题,并取得了很有意义的结果.对分形的继续深入的研究,正在蓬勃发展之中.

中国科学技术大学出版社
中小学数学用书(部分)

母函数(第 2 版)/史济怀

磨光变换/常庚哲

抽屉原则/常庚哲

反射与反演(第 2 版)/严镇军

从勾股定理谈起(第 2 版)/盛立人　严镇军

数列与数集/朱尧辰

三角不等式及其应用(第 2 版)/张运筹

三角恒等式及其应用(第 2 版)/张运筹

根与系数的关系及其应用(第 2 版)/毛鸿翔

递推数列/陈泽安

同中学生谈排列组合/苏淳

趣味的图论问题/单墫

有趣的染色方法/苏淳

组合恒等式/史济怀

不定方程/单墫　余红兵

概率与期望/单墫

组合几何/单墫

解析几何的技巧(第 4 版)/单墫

重要不等式/蔡玉书

有趣的差分方程(第2版)/李克正　李克大

同中学生谈博弈/盛立人

趣味数学100题/单墫

面积关系帮你解题(第3版)/张景中　彭翕成

周期数列(第2版)/曹鸿德

微微对偶不等式及其应用(第2版)/张运筹

怎样证明三角恒等式(第2版)/朱尧辰

平面几何100题/单墫

构造法解题/余红兵

向量、复数与质点/彭翕成

初等数论/王慧兴

漫话数学归纳法(第4版)/苏淳

从特殊性看问题(第4版)/苏淳

凸函数与琴生不等式/黄宣国

国际数学奥林匹克240真题巧解/张运筹

Fibonacci数列/肖果能

数学奥林匹克中的智巧/田廷彦

极值问题的初等解法/朱尧辰

巧用抽屉原理/冯跃峰

函数与函数思想/朱华伟　程汉波

美妙的曲线/肖果能

统计学漫话(第2版)/陈希孺　苏淳

直线形/毛鸿翔　古成厚　章士藻　赵遂之

小学数学进阶.六年级上册/张善计　易迎喜

小学数学进阶.六年级下册/莫留红　吴梅香

小升初数学题典(第2版)/姚景峰

初中数学千题解.全等与几何综合/思美

初中数学千题解.反比例与最值问题/思美

初中数学千题解.二次函数与相似/思美

初中数学千题解.一次函数与四边形/思美

初中数学千题解.代数综合与圆/思美

初中数学千题解.中考压轴题/思美

初中数学进阶.七年级上册/陈荣华

初中数学进阶.七年级下册/陈荣华

初中数学进阶.八年级上册/徐胜林

初中数学进阶.八年级下册/徐胜林

初中数学进阶.九年级上册/陈荣华

初中数学进阶.九年级下册/陈荣华

全国中考数学压轴题分类释义/马传渔　陈荣华

平面几何的知识与问题/单墫

代数的魅力与技巧/单墫

平面几何强化训练题集(初中分册)/万喜人　等

初中数学竞赛中的思维方法/周春荔

初中数学竞赛中的数论初步/周春荔

初中数学竞赛中的代数问题/周春荔

初中数学竞赛中的平面几何/周春荔

学数学(第1—5卷)/李潜

高中数学奥林匹克竞赛标准教材.上册/周沛耕

高中数学奥林匹克竞赛标准教材.中册/周沛耕

高中数学奥林匹克竞赛标准教材.下册/周沛耕

平面几何强化训练题集(高中分册)/万喜人　等

全国高中数学联赛模拟试题精选/本书编委会

全国高中数学联赛模拟试题精选(第二辑)/本书编委会

高中数学竞赛教程(第2版)/严镇军　单墫　苏淳　等

全俄中学生数学奥林匹克(2007—2019)/苏淳

第51—76届莫斯科数学奥林匹克/苏淳　申强

解析几何竞赛读本/蔡玉书

平面几何题的解题规律/周沛耕　刘建业

高中数学进阶与数学奥林匹克.上册/马传渔　张志朝　陈荣华

高中数学进阶与数学奥林匹克.下册/马传渔　杨运新

名牌大学学科营与自主招生考试绿卡·数学真题篇(第2版)
　　/李广明　张剑

重点大学自主招生数学备考用书/甘志国

数学思维培训基础教程/俞海东

从初等数学到高等数学.第1卷/彭翕成

亮剑高考数学压轴题/王文涛　薛玉财　刘彦永

理科数学高考模拟试卷(全国卷)/安振平

研究特例/冯跃峰

考察极端/冯跃峰

更换角度/冯跃峰

改造命题/冯跃峰

逐步逼近/冯跃峰

巧妙分解/冯跃峰

充分条件/冯跃峰

引入参数/冯跃峰

图表转换/冯跃峰

建立对应/冯跃峰

借桥过河/冯跃峰

递归求解/冯跃峰